KB061611

현대 과학이론의 근간을 흔드는 새 이론의 출현
우주와 생명의 법칙

만물의 법칙

서문   6

제1부
과학이란 무엇인가?

제1편 **양자물리학은 과학인가?**   **16**

1. 양자물리학은 과학이 아니라 종교입니다   16
2. 과학적 사고   18
3. 과학적 사고의 대중화   24
4. 삼체수이론   26
5. 양자물리학의 오류   40

제2편 **우주란 무엇인가?**   **41**

1. 우주   41
2. 원자   61
3. 암흑에너지와 암흑물질   72

제3편 **빛이란 무엇인가?**   78

1. 빛의 정의   79
2. 광소4~n   79
3. 암흑물질   80
4. 암흑에너지와 암흑물질의 역할   82
5. 흑체복사   87
6. 광전효과   91
7. 파동과 입자   93
8. 불확정성의 원리   97
9. 기자의 대피라미드의 비밀   100
10. 창세기   107

제4편 **소리란 무엇인가?**   114

1. 소리의 정의   114
2. 소리의 생성   115
3. 빛과 소리의 차이   116
4. 빛과 소리의 3요소   117
5. X선과 감마선   119
6. 천둥과 번개   120
7. 우주에서의 암흑에너지와 암흑물질의 역할   121

제5편 **양자물리학의 오류**   **124**

1. 표준모형   127
2. 베타붕괴   134
3. 마법의 수   142
4. 핵융합(핵분열)과 원소의 생성   144
5. 입자의 대칭   148
6. 힘   152
7. 자석   157
8. 통일장   159
9. 이중-슬릿 실험   162
10. 편광   165

제2부

생명이란 무엇인가?

제1편 **생명의 기원**   **173**

1. 왜 생명이 출현하였나?   173
2. 생명의 기원   176
3. 원자의 구성   178
4. 성의 분화   179

제2편 **종의 기원**   **182**

1. 유전자   182
2. 수의 성질   182
3. 유전   186
4. 종의 기원   186

제3편 **영혼이란 무엇인가?**   **193**

1. 물질과 비물질   193
2. 대피라미드   195
3. 좌뇌와 우뇌   199
4. 나는 누구인가?   201
5. 차원이란 무엇인가?   203

제4편 **정보통신**   **208**

1. 암호화 정보통신   208
2. 바이러스와 백신   216
3. 생명체의 정보통신   217
4. 생명체 바이러스와 백신   219

발문   222

기원전 1세기 초에 유대 지역을 관할하던 로마인 총독 본디오 빌라도는 예수에게 "진리가 무엇이냐?"라고 질문했습니다. 이것은 예수가 "나는 세상에 진리를 증언하려고 왔다."라고 그에게 주장한 것에 대한 반문이었습니다. 그리스 철학을 흡수한 로마의 고등 교육을 받은 그가 그 당시 귀족 사회에서 통용되던 진리의 개념을 몰라서가 아니라 그는 진리에 대한 예수의 생각을 알고 싶어서 질문하였을 것입니다.

빌라도와 마찬가지로 우리 역시 진리라는 개념에 대해서 어느 정도의 지식은 갖고 있지만 마음 한구석에는 '도대체 진리가 무엇일까?'라는 의구심이 있습니다. 그리고 정도의 차이는 있겠지만 진리가 의미하는 좀 더 깊은 의미의 본질적인 부분에 대해서도 알고 싶은 욕구를 다들 가지고 계실 것입니다.

진리는 사람마다 여러 가지로 정의할 수 있겠지만 필자는 진리의 정의를 간단하게 요약하여 '사물의 이치'라고 하겠습니다.

이 책은 우주 속의 우리 자신을 포함한 삼라만상을 지배하는 공통적인 '사물의 법칙'에 관한 내용을 과학적으로 설명해 보려는 목적을 갖고 있습니다.

저는 현대물리학의 대세인 양자물리학의 오류를 지적하기 위해 「아인슈타인의 'EPR Paradox'에 대한 재평가」라는 제목의 논문을 썼습니다. 그 논문의 중요 부분은 이 책의 내용과도 밀접한 관련이 있으므로 논문의 결론 부분만 아래에 수록하겠습니다.

☰ 논문의 결론

아인슈타인을 포함한 세 분의 물리학자는 1935년에 'EPR Paradox'라고 알려진 논문 「Can Quantum-Mechanical Description of Physical Reality be Considered Complete?」를 통해 양자물리학의 불완전함을 부각시키려고 하였으나 그 당시 양자물리학계의 반대로 실패에 그쳤으며, 오늘날의 양자물리학계도 그 당시 양자물리학계의 입장을 지지하고 있습니다. 양자물리학이 현대 과학 기술을 발전시킨 공로는 본 저자도 충분히 인정합니다만, 현시점의 양자물리학계는 수많은 문제점을 안고 있으며, 물리학의 이론적 발전은 아인슈타인 이래로 정체 상태에 있다는 점은 양자물리학계도 부인하지 못할 것입니다.

본 저자는 1935년에 세 분의 물리학자가 상기 논문을 통해 주장한 내용을 지지하며, 이 점을 '삼체수이론'을 적용하여 그 당시에 논란의 중심에 있었던 '이중-슬릿 실험'을 아인슈타인이 제시한 조건을 충족시키는 방법으로 해석함으로써 입증하였습니다.

'삼체수이론(Three Body Number Theory)'은 우주 전체의 모든 물리계는 수의 기본 성질을 반영한다고 가정하고, 푸앵카레(Henri Poincaré)가 증명한 '삼체문제(Three Body Problem)'를 바탕으로 하면서, '삼체수게임(Three Body Number Game)'을 통해 세 개의 정수 간의 상호 관계를 규명함으로써 정수의 기본 성질을 파악하였으며, 이를 통해 원소주기율표의 성질을 설명할 수 있는 '숫자주기율표(입자주기율표)'를 개발하였습니다.

멘델레예프의 원소주기율표가 근대 과학의 혁명적 발전을 초래하였듯이, 상기의 '숫자주기율표(입자주기율표)'는 현대물리학의 이론적 발전에 크게 기여할 것임을 확신합니다. 그리고 '입자주기율표'를 사용한 '입자방정식'은 현재 막대한 운용 비용이 드는 입자가속기의 효율을 극대화할 수 있을 것입니다.

'삼체수이론'은 현대의 양자물리학이 당면한 여러 문제를 해결합니다.

현대물리학이 파악하지 못하고 있는 빛과 소리의 실체를 규명합니다.

암흑에너지와 암흑물질의 실체를 규명합니다.

양자물리학이 아직 파악하지 못하고 있는 입자-반입자의 대칭 관계를 규명합니다.

무한대 쿼크의 미궁에 빠져 있는 쿼크이론의 모순을 해결합니다.

아인슈타인이 염원하던 통일장 문제를 해결합니다.

카오스이론으로 물리학 이외의 여러 학문 분야에도 적용됩니다.

현대 산업에서 그 수요가 폭증하고 있는 정보의 암호화 분야에서 'RSA 암호알고리즘'의 문제점을 '삼체수 암호알고리즘'이 완벽하게 해결할 수 있습니다.

이와 같이, '삼체수이론'은 물리학을 포함한 여러 학문 분야의 발전을 한 단계 도약시키는 도구의 역할을 충분히 수행할 것입니다.

—— 이상 논문의 결론 ——

그리고 수학계의 '밀레니엄 7대 난제'에 속하는 두 문제와 관련하여, 「푸앵카레 추측'과 '페르마의 마지막 정리'를 출제자의 의도에 맞게 증명하고 그것의 타당함을 물리적 의미로써 재검증함」이라는 제목의 글을 썼습니다. 위와 마찬가지로 아래에 이 글의 목적 부분만 수록하겠습니다.

≡ 이 글의 목적

'푸앵카레 추측'과 '페르마의 마지막 정리'는 밀레니엄 7대 난제에 속하는 문제로써 수학계의 노벨상이라고 불리는 필즈상과 함께 거액의 상금이 걸려 있었는데 현시점에는 러시아의 수학자 그레고리 페렐만이 전자를, 영국의 수학자 앤드루 와일스가 후자를 증명한 것으로 인정되고 있습니다.

그런데 이 두 경우 모두 그 증명 과정이 너무 난해하므로 수상위원회에서 다수의 심사 위원을 선정하여 오랜 기간의 심사에 걸쳐서 그들의 합의로 그 증명이 옳다는 것을 인정하고 상을 수여하게 되었습니다. 그러나 페렐만의 경우는 현재까지 본인이 그 수상을 거부하고 있습니다. 아마도 그는 자신의 증명 방법이 그 상을 받기에는 부족하다는 양심적 판단을 하였기 때문이 아닌가 생각합니다.

푸앵카레와 페르마는 모두 당대의 유명한 수학자이며 동시에 물리학자였습니다. 그들은 물리학에 많은 관심과 노력을 기울였으며, 현대물리학의 발전에 많은 기여를 했습니다.

그들이 이 문제들을 어떠한 의도를 가지고 출제하였고 그 문제들을 어떻게 증명하였는지에 관한 자료는 남아 있지 않습니다.

그러나 남아 있는 몇 가지 자료들로 유추해 보면 그것들의 증명 방법은 복잡하지 않다는 것이며, 그들의 주된 관심사로 볼 때 그 문제들은 물리적 현상(또는 사실)과 관련이 있을 것으로 볼 수 있습니다.

물리적 사실로서 진리(Physical Truth)는 본질적으로 단순한 것이므로 그 증명도 복잡하지 않아야 한다고 생각합니다. 그러나 현재 필즈상 수상위원회에서 결정한 상기 두 명의 해당 문제 증명 방법은 그 문제들의 출제자(푸앵카레와 페르마) 의도에 부합하는 증명 방법이라고 볼 수 없다고 생각합니다.

저는 두 분(페렐만과 와일스)의 증명 방법을 읽어 본 적도 없고 그들의 증명 방법을 옳고 그름으로 판단할 의사도 없으며 그들의 업적을 폄하할 생각도 없습니다.

그러나 상기의 이유로 인해서 두 문제는 반드시 출제자의 의도에 맞는 방법으로 증명되어야 하며, 그렇게 함으로써 현대물리학의 발전에도 기여할 것이며 출제자 두 분 역시 이러한 점을 후대에게 기대하고 출제하였을 것이라고 생각합니다.

그러한 의미에서 필자는 상기의 두 문제를 출제자의 의도에 부합하는 방법으로 증명하였으며 이것을 현대물리학에서 밝혀진 물리적 사실로 검증해 봄으로써 그 증명 방법이 옳음을 또한 역으로 재차 증명하였으므로 이 글을 씁니다.

—— 이상 이 글의 목적 ——

그리고 「초전도현상이 발생하는 이유(최초의 완전한 이론)」라는 제목의 글을 썼습니다. 마찬가지로 이 글의 목적 부분만 수록하겠습니다.

≡ 이 글의 목적

초전도현상은 극저온의 상황에서 물질의 전기저항이 0이 되는 현상을 말합니다. 이러한 현상을 발견하고 초전도체를 합성하여 이미 여러 명의 물리학자가 노벨상을 받았고, 그 응용 기술도 이미 상용화가 되어 현대 산업의 여러 부문에서 활용되고 있습니다.

그러나 아직까지 상기 현상을 완벽하게 설명할 수 있는 이론은 정립되지 못하고 있습니다.

필자는 상기 현상을 하등의 모순점이 없이 일관되게 설명할 수 있는 이론을 정립하였으므로 이 글을 씁니다.

상기 현상을 설명하려면 먼저 전자의 본질에 관하여 현대물리학에서 이해하고 있는 부분을 수정하여야 합니다.

그렇게 하면 현시점에 현대물리학에서 설명하지 못하고 난관에 봉착해 있는 다른 문제들의 상당 부분도 자연히 해결할 수 있을 것입니다.

그러므로 먼저 전자의 본질에 관하여 기술하고, 이어서 그렇게 수정함이 타당한 이유를 설명하고, 마지막으로 초전도현상이 발생하는 원리에 관하여 고찰해 보도록 하겠습니다.

—— 이상 이 글의 목적 ——

○ ○ ○

제가 글을 쓰고 연구를 하는 이유는 서두에서 말씀드린 것처럼 '사물의 이치 (진리=진실)'를 알기 위함입니다. 그리고 알게 된 그 이치를 다른 사람들에게 말하고 그들의 의견을 들음으로써 진실에 더욱 가까이 가고 싶기 때문입니다.

한때, 저는 종교적 진실(진리)을 추구하였습니다. 그러나 종교를 통해서는 진실을 검증할 수 없다는 것을 깨달았습니다. 진실의 검증이 없는 믿음은 맹목적일 수밖에 없다고 생각합니다. 인간이 절대자인 신에 대한 모든 것을 알수는 없다고 생각합니다. 그러나 신이 존재한다면 인간은 그 신(어떤 특정 종교의 신과 무관함)으로부터 부여받은 사고력(또는 이성)을 사용하여 그 신에 관한 진실을 최대한 규명하는 것이 마땅하며, 그것이 그 신에게 더욱 가까이 가는 것이며, 그렇게 하는 것을 그 신도 환영할 것입니다. 그러한 의미에서 현재의 모든(?) 종교 집단은 진실을 탐구하기보다는 진실을 가로막는 장애물에 가깝다는 것을 알게 되었습니다.
그래서 저는 진실을 검증하는 수단으로써 수학과 물리학적 접근 방법을 채택하고, 제가 알게 된 모든 진실을 확증해 나가기로 마음먹고, 관련된 공부를 하고 글을 쓰고 이것을 책을 통하여 발표하고 많은 사람과 진실을 교류함으로써 더욱더 많은 진실을 알게 되기를 기대합니다.

고대 물리학자들은 물리학뿐만 아니라 수학, 철학 등에도 능통하였습니다.
이것은 물리학이 다른 분야의 학문과 밀접한 관련이 있기 때문입니다.
이 책에서도 물리학뿐만 아니라 여러 분야의 학문에 관하여 다룰 것입니다.

아무리 어려운 물리이론이라도 그것이 언어로써 설명되지 못하면 오류가 있는 것이라는 아인슈타인의 생각에 저도 동의합니다.

물리학 전공자가 아니라도 쉽게 이해할 수 있게 하려고 꼭 필요한 경우를 제외하고는 어려운 수식보다는 일반인들이 이해할 수 있는 언어로써 설명하였으며, 부득이하게 전문 용어를 사용할 경우에는 그에 대한 설명을 충분히 하였습니다. 그렇다고 해서 이 책의 수준이 결코 낮지 않으며 마음의 문만 열고 본다면 주류 물리학자나 물리학도가 경악할 정도로 그들의 당면 문제들을 해결해 줄 수 있는 획기적인 내용이 풍부하다는 점을 자부합니다.

이 책은 '과학이란 무엇인가?'를 주제로 일단 마무리를 짓고 다음 책에서 '생명이란 무엇인가?'를 주제로 하여 발행할 예정이었으나, '발문'에서 설명하는 이유로 인해서 두 가지 내용을 함께 이 책에서 다루기로 결정하고 책의 제목도 변경하게 되었으므로 독자 여러분의 양해를 구합니다.

이 책을 쓰기 시작할 때에도 확실한 방향을 잡지 못한 상태였기에 일단 머리말에서 제목을 정해 놓고 그 방향대로 써 내려가다가 결국은 두 가지 내용을 함께 다루는 방향으로 결정하였습니다.

원래 물리학을 공부하게 된 동기도 생명체의 본질인 영혼에 대한 과학적 탐구를 하기 위한 것이었습니다.

그러므로 이 책에서 이질적인 두 가지 내용을 함께 다루면서 그동안 막연히 생각해 오던 것들에 대하여 확실한 규명을 할 수 있게 되어 저 나름의 성취

감을 갖게 되었으므로 그렇게 결정한 것에 대하여 대단히 만족합니다.

여러 가지 난관이 많았지만 생활의 어려움 속에서도 꿋꿋이 저를 도와서 이 책을 완성할 수 있게 해 준 제 아내 이춘희에게 감사합니다.

특히 제가 생각이 막혔을 때 이상한 질문을 꺼내 들면서 귀찮게 하는데도 가끔씩 투덜대기는 하였지만 싫은 내색을 하지 않고 웃으며 일일이 우문현 답으로 대꾸해 줌으로써 제가 생각을 이어 나갈 수 있도록 도와준 것에 대해 우정 어린 고마움을 깊이 느낍니다.

그리고 물심양면으로 도와준 죽마고우 신성기와 고교 동창 김주원과 친구 같은 대학 후배 김기태에게 깊은 감사를 드립니다.

그리고 사촌 형 김호명과 외사촌 동생 임재선에게도 감사를 드립니다.

마지막으로, 이 책을 구독하여 주신 독자 여러분께 진심으로 감사를 드립니다.

2021년 8월
김호영 드림

제1부

과학이란 무엇인가?

제1편

양자물리학은 과학인가?

머리말에서 진리는 '사물의 이치'라고 정의한 것처럼 과학은 '사물의 이치를 연구하는 학문'이라고 정의할 수 있겠습니다.

그렇게 보면 양자물리학도 당연히 과학이라고 할 수 있습니다.

따라서 주류 과학계의 아웃사이더인 제가 감히 현대물리학의 대세인 양자물리학이 과학인지에 대해 의문을 제기하는 것 자체가 우스꽝스럽게 보일 수 있습니다. 하지만 다음과 같은 이유로 저는 이러한 제 생각을 굽히지 않겠습니다.

1. 양자물리학은 과학이 아니라 종교입니다

현대의 양자물리학계를 대표하는 노벨상 수상자인 리처드 파인먼은 "양자물리학을 이해하는 사람은 아무도 없다."라고 하였으며 그 말에 반론을 제기하는 양자물리학자는 없습니다.

이 점과 관련하여 또 하나의 예를 들겠습니다.

어느 대학교 물리학과 강의 중에 교수님이 그 유명한 '이중-슬릿'에 관한 강의를 시작하기 전에, 학생 개개인에게 다음과 같은 질문을 합니다.

"전자 한 개가 두 개 이상으로 분리되지 않은 상태에서 두 개의 구멍을 동시에 통과할 수 있겠는가?"

질문을 받은 학생 대략 20명이 연속하여 "아니요."라는 대답을 하니까 교수님께서 질문을 중단하시고,

"너희들의 대답은 모두 틀렸다."라고 하시면서 그 질문에 대한 답을 스스로 내렸습니다. 그리고 이어서 "그 이유는 나도 모르고 신만 아신다. 이것이 양자물리학이다."라고 하셨습니다. 모든 학생이 바로 잠잠해졌고 더 이상 질문이 없었습니다(더 이상 질문을 할 수 없는 상황이 조성되었기 때문입니다).

이 두 가지 예는 양자물리학이 어떤 성질의 학문인지를 단적으로 그리고 정확히 묘사하는 사례입니다.

그렇다면 양자물리학자들은 자신도 이해하지 못하는 것을 자신의 제자들에게 가르친다는 것이 됩니다.

이것은 흡사 교주급에 해당하는 종교지도자가 최상부에서 믿음의 교리를 선포하고, 그 밑의 교직자 계급에서 그 교리를 믿음을 방패로 하여 신도들에게 충실하게 가르치는 것과 유사합니다.

그러므로 이것은 과학이 아니라 믿음의 범주에 속하는 학문이라고 저는 생각하는 것입니다.

'사물의 이치'를 연구하는 학문인 과학이 그 이치를 이해하려는 노력을 포기하고, 그것을 믿음이라는 수단을 통해 해결하려고 하는 순간으로부터 이미 그 학문은 과학의 영역에서 믿음의 영역으로 옮겨진 것입니다.

그래서 저는 양자물리학이 그러한 견해를 유지하는 한 계속하여 '양자물리학은 과학이 아니라 종교' 라는 주장을 고수할 것입니다.

2. 과학적 사고

서양의 중세 시대 암흑기에 지동설과 같은 과학적 사고는 그 당시의 지배 계급으로부터 많은 박해를 받았습니다. 그 당시의 지배 계급들은 사물의 이치를 탐구하는 일을 자신들만의 전유물로 삼으려고 하였으며, 믿음의 방패를 사용하여 일반인들의 과학적 사고를 금지하거나 억눌렀습니다. 지배 계급으로서는 세상의 변혁보다는 현상의 유지가 바람직하기 때문이었습니다.

오늘날의 과학계 현실은 어떠할까요?

지금으로부터 약 100년 전에 상대성이론과 양자이론이 등장한 이래 지금까지 무려 100년이 지나도록 그 당시의 이론을 능가하였다고 내세울 만한 이론이 전혀 출현하지 않고 있다는 사실은 현대물리학계 모두가 인정하지 않을 수 없을 것입니다. 그것도 요즘처럼 하루가 멀다 하고 신기술이 쏟아져 나오고 모든 분야에서 산업의 발전이 눈부시게 전개되고 있는 기술 혁신의 초스피드 시대에 정작 현대물리학이론의 발전은 제자리걸음이라는 것은 크나큰 아이러니가 아닐 수 없습니다.

현대의 양자물리학은 이론이 아니라 테크닉(기술)으로 전락한 지 오래입니다. 예를 들자면, 초전도현상의 부문에서 이미 상용화 가능한 기술이 여러 산업 분야에서 개발되었고 관련 연구에서 두 번이나 노벨상 수상을 한 이후 수십 년이 지난 지금에도 아직 그 현상을 완전하게 설명할 수 있는 물리학이론이 없다는 것은 현대물리학과 그 대표자 격인 양자물리학의 수치이자 문제점이 아닐 수 없습니다.

그러면 왜 이러한 일이 발생하였을까요?

저는 그 이유가 양자물리학이 과학적 사고의 기초가 아니라 믿음의 기초 위에 세워졌기 때문이라고 주장합니다. 그리고 그 기초는 양자물리학계의 거두인 파울리가 세웠습니다. 양자물리학계에서 차지하는 그의 위치와 권위는 그의 생애 기간뿐만 아니라 지금까지도 너무나 막강하기 때문에 감히 그의 이론에 반기를 든다는 것은 상상조차 할 수 없는 일인 것입니다.

그리고 중세 시대의 지배 계급인 종교 지도자들처럼 오늘날의 과학계 대표 주자인 양자물리학계 과학자들도 시대의 변혁보다는 현실에 안주하는 것이 자신들에게 유리하다는 것을 모두가 본능적으로 감지하고 있기 때문이라고 생각합니다.

사물의 이치를 탐구하기 위해 더 이상 노력할 필요 없이 그 이치에 대한 이해를 신의 영역으로 돌리면서 평생을 자신의 상부 계층으로부터 교육을 받은 내용 그대로 자신의 하부 계층으로 전달하는 일만으로도 지도자급의 대우를 받으며 잘살 수 있는 그들로서는 당연한 일이기 때문입니다.

그런 점에서 비단 종교계뿐만 아니라 과학계도 자신의 학문 영역에서 과학적 사고보다는 믿음을 더 애호하고 있는 것으로 보입니다.

과학적 사고는 자신이 스스로 노력하고 판단해야 하며 그 결과에 대한 책임도 스스로 부담해야 하지만 믿음은 신이나 다른 사람의 판단에 맡겨 버리면 되고 그 결과에 대한 책임도 스스로 부담하지 않아도 되기 때문입니다.

이보다 더 편하고 좋은 일(직업)이 어디 있겠습니까?

이 점과 관련한 또 다른 실례를 들겠습니다.

양자물리학과 관련된 연구를 수행하는 두 명의 교수가 있었는데, 그들의 연구가 국책 과제로 선정되어 연구비를 배정받아서 그 연구를 10년 이상 진행하였습니다. 그런데 그들이 연구 제안서에서 명시한 목표 연구의 내용은 서로 완전히 상반되는 이론이었습니다. 그렇기 때문에 어떠한 연구 결과가 나오든지 한쪽은 틀릴 수밖에 없는 상황이었습니다. 그런데 두 연구 모두 승인되어서 연구가 10년 이상 국가의 돈(국민의 세금)으로 진행되었습니다.

적어도 한쪽은 국민의 세금을 낭비한 것이 분명합니다(실제로는 양쪽 다 연구 제안서에서 명시한 목표 결과를 도출하지 못하였으므로 둘 다 국고를 낭비하였습니다). 제가 국가연구소(한국과학기술 연구소, KIST)에서 근무를 해 보았기 때문에 이러한 내막을 자세히 알고 있습니다. 지금의 과학계에는 이러한 일들이 비일비재합니다. 그들에게는 이보다 더 좋은 세상이 어디 있겠습니까?

그렇다면 왜 이러한 부조리가 있을까요?

그 근본적인 이유는 위에서 말씀을 드린 것처럼 현대과학계를 대표한다고 하는 양자물리학계가 과학적 사고를 버리고 믿음의 사고를 하기 때문입니다. 자신도 이해하지 못하는 연구 결과를 내놓고 "이 분야의 이론은 원래 이런 거야."라고 당당하게 말하면서 다른 사람들이 자신의 연구 결과에 대해 비판을 하는 것 자체를 원천 봉쇄를 해 버립니다.

이러한 토양의 연구 환경을 바로 양자물리학계가 제공하고 있는 것입니다. 이것은 비단 한국만의 문제가 아닙니다. 세계의 양자물리학계가 그러하고 심지어 노벨상을 수상한 물리학자들의 경우도 마찬가지임을, 저는 그들 이론의 오류를 통해 확인하였습니다(앞으로 해당 내용을 상세히 밝혀 드리겠습니다).

또 어떤 양자물리학 옹호 교수는 이렇게 말하였습니다.

"지난 300년 이상 물리학은 수학이라는 용어를 써서 서로 소통하였습니다. 양자이론은 더욱 그렇습니다. 그래서 일반인들은 이해하기가 힘듭니다."

이 교수가 말하는(그리고 자랑하는) '수학'은 어떤 수학을 말하는 것일까요? 그것은 다름 아닌 '미적분 수학'입니다. 그들은 그 미적분 수학을 전가의 보도처럼 여기고 자랑하며 이것을 마구 휘둘러 댑니다.

그런데 그들이 자랑하는 미적분 수학은 다음과 같이 치명적인 단점이 있습니다.

원래 미적분 수학을 개발하여 이것을 물리현상을 설명하는 데 사용한 사람은 뉴턴이며, 그는 그 일을 훌륭하게 완수하였습니다. 그런데 그는 자신이 개발한 미적분 수학을 거시세계의 물리현상을 설명하는 데 사용하였으며 그것은 크나큰 성공을 가져왔고 인류 모두는 이러한 그의 업적으로 큰 혜택을 입고 있습니다.

그러나 그의 미적분은 거시세계의 물리현상을 설명하기에는 적합하지만, 양자와 같은 미시세계의 물리현상을 설명하기에는 적합하지 않습니다. 그 이유는 다음과 같습니다.

- 미적분은 '1/무한대=0'을 기본 가정으로 하고 있는데, 이 가정은 미시세계의 입자들 간의 역학 관계에는 성립할 수 없습니다. 그러므로 미적분을 사용하여 미세 입자들의 움직임에 관한 수식을 작성하면 종종 불능 함수가 발생합니다. 고등학교 수학 문제를 풀다가 수식이 불능에 빠지면 선생님은 그 수식을 버리고 다른 수식을 세우라고 가르칩니다. 그런데 양자물리학계에서는 대담하게도 이 수식을 버리지 않고 '재규격화'라는 편법을 사용하여 정답이 아닌 근삿값을 정답인 수치 대신에 사용하고, 계속하여 그 수식을 사용함으로써 원하는 결과를 얻어 냅니다. 이것은 엄밀히 말하면 수학이 아니고 속임수에 불과합니다. 수학에서는 정답 근처의 근삿값을 정답으로 간주하는 법이 없기 때문입니다. 비유하자면 이것은 도끼로 면도하는 것과 같습니다. 그러므로 양자물리학은 과학이 아니라 테크닉(기술)이라는 것입니다. 이렇게 하면 어느 정도의 기술 발전은 이룩할 수 있지만 그 기술의 발전도 곧 한계에 다다르게 될 뿐만 아니라 과학이론의 발전은 결코 이룩할 수 없으며 최근 100년 동안에 새로운 물리학이론의 출현이 없는 것도 이러한 이유가 큰 몫을 차지합니다.

- 미적분은 그 대상 함수가 미적분의 구간 내에서 연속이라는 것을 기본 가정으로 하고 있습니다. 그런데 양자의 세계에서 모든 입자는 그 생성이나 움직임의 모든 과정이 '양자화'가 되어 있습니다. '양자화'가 되어 있다는 것은 미세 입자(양자)의 위치나 운동량 같은 모든 물리적 수치가 정수로 표현된다는 것입니다. 이것은 정수와 정수 사이의

소수의 수치가 존재하지 않는 것을 의미하므로 그것을 표현하는 함수는 당연히 불연속 함수가 될 수밖에 없습니다. 그래서 이러한 함수도 마찬가지로 미적분 불능에 빠지게 됩니다.

그러므로 소위 '양자물리학'이 그 수식에서 미적분을 사용한다는 것은 스스로 '양자'의 본질적 개념을 허무는 것을 의미합니다.

그런데도 양자물리학자들은 왜 미적분을 사용하는 수식에 집착할까요?

과거 중세 시대에 가톨릭 교직자들은 라틴어로 된 성경을 사용하였으며 그것을 이용하여 일반 대중에게 설교하였습니다. 그리고 그 성경을 일반 대중의 언어로 번역하는 것을 법으로 금지하였습니다. 그들은 일반 대중이 성경의 내용을 이해하고 그들의 거짓된 가르침이 폭로되는 것을 두려워하였습니다. 그래서 성경의 내용은 일반 대중이 이해하기에는 어려운 것이라고 선전하면서 일반 대중이 사용하는 쉬운 언어로 성경이 번역되는 것을 금지하였던 것입니다. 그것은 그들의 기득권을 지키기 위한 방편이었던 것입니다.

마찬가지로 오늘날도 위에서 언급한 교수처럼 "양자이론은 어려운 수학(미적분)을 사용하기 때문에 일반인이 이해하기는 어렵다."라는 말을 함으로써 대중에게 물리학이 어렵다는 인식을 심어 주고, 물리학에 대한 이해와 접근을 차단하면서 물리학을 그들만의 전유물로 삼으려고 합니다. 이는 중세 시대의 가톨릭 교직자들이 라틴어 성경을 옹호하고 대중의 언어로 번역함을 훼방한 것과 유사하다고 할 수 있습니다.

그들이 미적분을 사용하는 또 다른 이유는 미적분으로 인해 불능에 빠진 함수를 억지로 '재규격화'해서 얻어 낸 최종 결괏값에 근접한 수치가 운 좋게도 실험 결과로 얻어지면, 그들은 그것을 자신들의 이론이 옳음을 증명하는 증거물이라고 주장하는 데에 사용하기 때문입니다. 그러나 과정(불능에 빠진 미적분을 사용한 수식)이 오류인데 결과가 참일 수는 없습니다(윗물이 맑아야 아랫물이 맑다는 것과 같은 이치입니다). 그런데도 그들은 자신들의 전유물인 미적분 수식을 들먹이며 오류 있는 결과를 합리화시킵니다. 즉, 미적분 수식은 그들의 부족한 사고 능력과 창의력을 대신하여 연구 결과를 합리화시키는 데 꼭 필요한 도구인 것입니다.

오늘날의 세상은 가치와 판단력 상실의 세상입니다.

사물의 이치는 우리 인간의 이해 능력 밖의 일이 되어 버렸으며, 진실의 추구는 무가치한 일이 되어 버렸고, 거짓 선동이 판을 치고, 목소리 큰 사람이 이기는 세상이 되어 버렸습니다. 이러한 시대적 흐름을 야기하는 데 양자물리학은 불명예스럽게도 큰 역할을 담당하였습니다.

과학적 사고를 통하여 사물의 이치를 탐구하고 이를 통하여 대중을 계몽시켜야 할 책임이 있는 사람들이 오히려 사물의 이치는 우리 인간들의 이해 능력 밖에 있고, 신 외에는 그것을 이해할 수 없다는 이론을 가르치기 시작한 순간부터 양자물리학계는 이미 과학의 지위를 상실한 것이며 그들의 사회적 책임도 저버린 것이 됩니다.

그 결과 과학계뿐만 아니라 모든 사회 영역에서 그와 같은 사조가 뿌리를 내릴 수 있는 발판을 마련해 준 것이며 오늘날의 퇴락한 사회현상들을 목도하면서 우리는 그것을 확인할 수 있습니다.

유럽에서의 종교 개혁은 성경을 대중이 사용하는 언어로 번역하는 것에서부터 시작하였습니다. 그렇게 함으로써 대중은 성경을 더 잘 이해할 수 있게 되었으며, 교직자들이 그들에게 가르쳐 왔던 교리의 상당 부분이 오류가 있다는 것도 알게 되었습니다.

이것은 현대물리학에도 그대로 적용될 수 있습니다.

물리학의 목적인 '사물의 이치' 탐구는 물리학자들만의 전유물이 아니며, 어려운 수식을 사용해야만 올바른 사물의 이치에 도달하는 것도 아닙니다.

수식은 보조 수단일 뿐이며 수식이 아니라 일반 대중이 사용하는 언어를 통하여 그 이치가 설명되어야 합니다.

그리고 그러한 지식의 전수는 반드시 대학 과정을 통해서만 이루어지는 것이 아닙니다. 오늘날은 인터넷을 통하여 얼마든지 최신 과학 지식을 습득할 수 있습니다. 오히려 대학 교수들은 수십 년 전 대학 시절에 배웠던 지식의 수준에 안주하고 있는 경우가 허다합니다. 지금의 양자물리학계가 그 대표적인 예입니다.

그래서 저는 양자물리학의 오류에서 벗어나 미적분과 같은 어려운 수식을 사용하지 않고 대중의 언어로 사물의 이치를 쉽게 설명할 수 있는 방법을 강구했으며 이 책을 통하여 그것이 가능함을 보여 드리도록 하겠습니다.

또한, 기존의 기득권 과학자 계층의 전유물로 전락한 과학을 대중에게로 환원시킨다는 점에서 일종의 종교 개혁과 시민 혁명을 수행한다는 자세와 각오로 이 일을 추진해 나갈 것임을 말씀드립니다.

독자 여러분의 많은 참여와 지도를 부탁드립니다.

3. 과학적 사고의 대중화

위에서 언급한 교수처럼 양자물리학자들은 "물리학, 특히 양자이론은 어려운 수학을 사용하기 때문에 일반인들은 이해하기 힘들다."라고 주장합니다. 그리고 대중에게도 이러한 생각을 심어 주기 위한 발언을 종종합니다. 이것은 흡사 중세 시대에 가톨릭 교직자들이 "성경은 라틴어로 쓰여 있기 때문에 일반인들은 이해하기 힘들다."라고 주장하며, 일반인들을 설득하려고 하는 것과 비슷합니다. 그러한 주장을 하는 양자물리학자들과 중세 가톨릭 교직자들이 공통적으로 바라는 것은 그들의 전문 분야에 울타리를 두르고 일반 대중이 그 울타리를 넘어 오지 않게 하는 것입니다. 일반 대중이 그 울타리를 넘어 오기 시작하면 더 이상 속이기가 힘들어 진다는 것을 스스로 알기 때문입니다.

중세 시대의 대중에게 그들의 언어로 번역된 성경이 주어지자 가톨릭 교직자들의 울타리는 무너지고 거짓 교리가 드러났듯이 오늘날 대중에게 대중의 언어로써 이해하기 쉽게 '사물의 이치'를 전달한다면 양자이론의 울타리는 금방 무너지고 양자물리학자들의 거짓된 이론이 드러날 것입니다.

또한, 중세 시대에 코페르니쿠스의 지동설이 등장함으로써 과학적 사고의 새바람을 불러일으키고 기존의 낡은 거짓 이론들을 몰아냈듯이 오늘날 물리학계에도 기존의 낡은 이론들을 대체할 수 있는 참신한 이론의 출현이 절실히 요구되고 있으며 이에 동의하는 물리학자들도 적지 않습니다.

이러한 시대적 요청에 부응하여 필자는 '삼체수이론(Three Body Number Theory)'을 개발하였으며 이를 통해 현대의 양자물리학이 제대로 규명하지 못하고 있는 '사물의 이치'를 오류 없이 규명할 수 있게 되었습니다.

그리고 필자는 이러한 '사물의 이치'를 대중의 언어로써, 대중이 이해하기 쉽게 전달하기 위한 방법을 고안하였습니다.

그 방법은 다음과 같습니다.

- '삼체수이론'을 비롯하여 제가 개발한 이론을 설명하기 위해 그 대상을 전문가 그룹과 일반인 그룹으로 나눕니다.
- 먼저 전문가 그룹을 대상으로 설명을 합니다(여기에서는 전문 용어와 수식을 사용하여 설명합니다).
- 전문가 그룹을 위한 설명이 끝난 직후에는 〈요약정리〉를 작성하여 여기에는 일반인들이 쉽게 이해할 수 있는 용어를 사용하여 앞에서 설명한 이론의 개요를 간단하게 설명하고 그 이론에서 꼭 기억해 두어야 할 부분만 요약하여 정리함으로써 다른 부분에서도 그 이론을 쉽게 활용할 수 있도록 하였습니다.

- 일반인이 〈요약정리〉 부분만 읽어도 충분히 스스로 '사물의 이치'를 탐구하는 데 부족함이 없겠지만, 좀 더 전문적인 소양을 갖추기 위해 전문가 그룹 대상의 설명을 보다가 이해가 힘든 부분은 개인적으로 이메일을 주시면 개인별 지도를 해 드리겠습니다.

이와 같이 함으로써 필자가 궁극적으로 기대하는 것은 대중이 스스로 '사물의 이치'를 탐구할 수 있는 과학적 사고 능력을 갖추게 하는 것입니다.
그렇게 한다면 이 사회는 거짓과 기만, 선동으로부터 보호되고 진실을 추구하고 사랑하는 사회로 나아갈 수 있게 될 것입니다.

4. 삼체수이론

1) 폰 노이만의 게임이론
존 폰 노이만(John von Neumann)은 양자이론의 이론적 근거를 확립한 천재 수학자이자 물리학자입니다.

폰 노이만은 수리경제학적 모델로써 게임이론을 창시하였습니다.

게임이론은 경제적 의사 결정에서의 최적 해법(optimal solution)을 구하는 수리적 모델인데 그 개요는 다음과 같습니다.

경쟁적인 두 사람이 서로가 상대방의 의사 결정 방법을 모른다고 가정하고 각자가 내릴 수 있는 다양한 의사 결정 방법 중에서 폰 노이만은 '미니맥스이론(Minimax Theorem)'을 창안하였는데, 그 방법은 자기가 입을 최대 손실(maximum loss)을 최소화(minimization)하는 전략을 선택하는 것이며 폰 노이만은 이렇게 구한 결과치를 최적 해법(Optimal Solution)이라고 명명하였습니다.

폰 노이만은 이 게임의 참여자를 두 사람보다 더 많은 다수의 참여자로 확대하였고 1944년 또 다른 수학자인 오스카 모르겐슈테른(Oskar Morgenstern)과 「게임이론과 경제적 행동(Theory of Games and Economic Behavior)」이라는 저서를 발표하였습니다.

이 이론은 그 후에 많은 수학자의 협력으로 더욱 발전하게 되어 주가 예측 모델을 포함하여 많은 경제적 의사 결정의 모델이 되고 있을 뿐만 아니라 양 자이론에서도 입자와 파동의 운동 메커니즘을 설명하는 데 유용하게 사용되고 있습니다.

2) 삼체수게임

(1) 삼체수게임의 방법

이 게임은 2명이 하는 게임입니다. 3개의 그릇에 구슬이 임의의 개수로 들어 있다고 가정합니다. 두 명이 번갈아 가며 3개의 그릇 중에서 1개의 그릇만 선택하고, 그 선택한 그릇에서 1개 이상의 구슬을 임의로 끄집어냅니다. 이런 방식으로 두 명이 번갈아 가며 구슬을 끄집어내다 보면 결국에는 모든 그릇에 구슬이 하나도 남지 않게 될 것입니다. 이때 마지막으로 모든 구슬의 개수가 0이 되게 하는 사람이 이기는 게임입니다.

(2) 삼체수게임의 해법

게임을 좀 더 단순화해서 그릇의 수가 1개 또는 2개인 경우를 먼저 생각해 보겠습니다.

A. 그릇이 1개일 때

이때는 먼저 하는 사람이 그릇에 있는 모든 구슬을 전부 끄집어내면 이깁니다. 즉, 이때는 게임이 성립하지 않습니다.

B. 그릇이 2개일 때

이때는 먼저 2개의 그릇에 있는 구슬 개수를 같게 만드는 사람이 이깁니다.

왜냐하면 2개의 그릇에 있는 구슬 개수를 같게 만든 후에 상대방이 한쪽 그릇에서 구슬 1개를 빼면 다른 쪽 그릇에서 나도 1개를 빼고, 2개를 빼면 나도 2개를 빼는 방식으로 상대방과 똑같은 수의 구슬을 다른 쪽 그릇에서 빼면 2개의 그릇에 있는 구슬 개수는 항상 내가 동일하게 만들 수 있기 때문입니다. 그러면 최종적으로 2개의 그릇에 있는 구슬 개수는 모두 0이 되므로 내가 이기게 됩니다.

C. 그릇이 3개일 때

C-1. 3개의 그릇 중에서 2개의 그릇에 있는 구슬 개수가 동일할 때

이때는 구슬의 개수가 동일한 2개의 그릇을 제외한 나머지 그릇의 모든 구슬을 내가 먼저 빼면 B와 동일한 방법으로 내가 이기게 됩니다.

C-2. 3개의 그릇에 있는 구슬 개수가 모두 다를 때

C-2-1. 한쪽 그릇에 있는 구슬 개수가 1개일 때

나머지 2개의 그릇에 있는 구슬 개수가 각각 2개, 3개면 이깁니다.
그 이유는 상대방이 구슬 3개인 그릇에서 구슬 1개를 빼면 구슬 2개인 그릇이 2개가 되므로 구슬 1개인 그릇에서 구슬 1개를 빼 버리면 B와 동일한 방법으로 내가 이기게 되며,

상대방이 구슬 3개인 그릇에서 2개를 빼면 구슬 1개의 그릇이 2개가 되므로 내가 구슬 2개인 그릇에서 구슬 2개를 모두 빼서 2개의 그릇에서 구슬의 개수가 각각 1개가 되므로 B와 동일한 방법으로 내가 이기게 되고,

상대방이 구슬 3개인 그릇에서 3개를 다 빼면 나는 구슬 2개의 그릇에서 구슬 1개를 빼서 역시 2개의 그릇에 있는 구슬 개수가 각각 1개가 되므로 역시 B와 동일한 방법으로 내가 이기게 됩니다.

이와 동일한 방법으로 상대방이 구슬 2개인 그릇에서 1개 또는 2개의 구슬을 빼더라도 나는 역시 B와 동일한 방법으로 이기게 됩니다.

그 다음에 내가 이기는 방법은 나머지 2개의 그릇에 있는 구슬 개수가 각각 4개, 5개일 때입니다. 그 이유는 상대방이 구슬 5개인 그릇에서 구슬 1개를 빼면 구슬 4개의 그릇이 2개가 되므로 구슬 1개인 그릇에서 구슬 1개를 빼 버리면 B와 동일한 방법으로 내가 이기게 되며,

상대방이 구슬 5개인 그릇에서 2개를 빼면 내가 구슬 4개의 그릇에서 구슬 2개를 빼서 3개의 그릇에 있는 구슬 개수가 각각 1개, 2개, 3개가 되어 상기 설명과 같이 내가 이기게 되며,

상대방이 구슬 5개인 그릇에서 구슬 3개를 빼면 구슬 4개의 그릇에서 구슬 1개를 빼서 3개의 그릇에 있는 구슬 개수가 역시 각각 1개, 2개, 3개가 되어 상기 설명과 같이 내가 이기게 되며,

상대방이 구슬 5개인 그릇에서 구슬 4개를 빼면 나는 구슬 4개의 그릇에서 구슬 4개 모두를 빼서 B와 동일한 방법으로 내가 이기게 되며,

상대방이 구슬 5개인 그릇에서 구슬 5개를 모두 빼면 나는 구슬 4개의 그릇에서 3개를 빼서 2개의 그릇에 있는 구슬 개수가 각각 1개가 되므로 역시 B와 동일한 방법으로 내가 이기게 됩니다. 상대방이 구슬 4개인 그릇에서 1개 또는 2개, 3개, 4개의 구슬을 빼더라도 위와 같은 방법을 통해 내가 이기게

됩니다.

이러한 방법을 확장해 보면 한쪽 그릇의 구슬이 1개일 때는

내가 이기는 구슬의 개수는 그릇별로 각각

1-2-3, 1-4-5, 1-6-7, 1-8-9, 1-10-11, 1-12-13, 1-14-15, 1-16-17, …입니다.

C-2-2. 한 쪽 그릇에 있는 구슬 개수가 2개일 때

나머지 2개의 그릇에 있는 구슬의 개수가 각각 4개, 6개면 이깁니다.
그 이유는 상대방이 구슬 6개인 그릇에서 1개를 빼면 나는 구슬 2개인 그릇에서 1개를 빼서 3개 그릇에 있는 각각의 구슬 개수를 1개, 4개, 5개로 만듭니다.
그렇게 하면 상기 C-2-1의 방법으로 내가 이깁니다.
상대방이 구슬 6개인 그릇에서 2개를 빼면 나는 구슬 2개인 그릇에서 2개 모두를 빼서 3개 그릇에 있는 각각의 구슬 개수를 4개, 4개, 0개로 만듭니다.
그렇게 하면 B의 방법으로 내가 이깁니다.
상대방이 구슬 6개인 그릇에서 3개를 빼면 나는 구슬 4개인 그릇에서 구슬 3개를 빼서 3개 그릇에 있는 각각의 구슬 개수를 1개, 2개, 3개로 만듭니다.
그렇게 하면 C-2-1의 방법으로 내가 이깁니다.
상대방이 구슬 6개인 그릇에서 4개를 빼면 나는 구슬 4개인 그릇에서 구슬 4개를 빼서 3개 그릇에 있는 각각의 구슬 개수를 2개, 2개, 0개로 만듭니다.
그렇게 하면 B의 방법으로 내가 이깁니다.
상대방이 구슬 6개인 그릇에서 5개를 빼면 나는 구슬 4개인 그릇에서 구슬 1개를 빼서 3개 그릇에 있는 각각의 구슬 개수를 1개, 2개, 3개로 만듭니다.

그렇게 하면 C-2-1의 방법으로 내가 이깁니다.

상대방이 구슬 6개인 그릇에서 6개를 빼면 나는 구슬 4개인 그릇에서 구슬 2개를 빼서 3개 그릇에 있는 각각의 구슬 개수를 2개, 2개, 0개로 만듭니다. 그렇게 하면 B의 방법으로 내가 이깁니다.

그 다음에는 나머지 2개의 그릇에 있는 구슬의 개수가 각각 5개, 7개면 이깁니다. 그 이유는 위와 동일하며 독자 여러분께서 각자 확인해 보시기 바랍니다.

이러한 방법을 확장시켜 보면 한쪽 그릇의 구슬이 2개일 때는

내가 이기는 구슬의 개수는 그릇별로 각각

2-4-6, 2-5-7, 2-8-10, 2-9-11, 2-12-14, 2-13-15, 2-16-18, 2-17-19, …
입니다.

C-2-3. 한쪽 그릇의 구슬 개수가 3개일 때

나머지 2개의 그릇에 있는 구슬 개수가 각각 5개, 6개면 이깁니다.

그 다음에는 나머지 2개의 그릇에 있는 구슬 개수가 각각 4개, 7개면 이깁니다. 그 이유는 위와 동일하며 독자 여러분께서 각자 확인해 보시기 바랍니다.

이러한 방법을 확장시켜 보면 한쪽 그릇의 구슬이 3개일 때는
내가 이기는 구슬의 개수는 그릇별로 각각
3-5-6, 3-4-7, 3-9-10, 3-8-11, 3-13-14, 3-12-15, 3-17-18, 3-16-19, …

입니다.

C-2-4. 한쪽 그릇의 구슬 개수가 4개일 때

나머지 2개의 그릇에 있는 구슬 개수가 각각 8개, 12개면 이깁니다.

그 다음에는 나머지 2개의 그릇에 있는 구슬 개수가 각각 9개, 13개면 이깁니다. 그 이유는 위와 동일하며 독자 여러분께서 각자 확인해 보시기 바랍니다.

이러한 방법을 확장시켜 보면 한쪽 그릇의 구슬이 4개일 때는

내가 이기는 구슬의 개수는 그릇별로 각각

4-8-12, 4-9-13, 4-10-14, 4-11-15, 4-16-20, 4-17-21, 4-18-22, 4-19-23, …입니다.

C-2-5. 한쪽 그릇의 구슬 개수가 5개일 때

나머지 2개의 그릇에 있는 구슬 개수가 각각 8개, 13개면 이깁니다.

그 다음에는 나머지 2개의 그릇에 있는 구슬 개수가 각각 9개, 12개면 이깁니다. 그 이유는 위와 동일하며 독자 여러분께서 각자 확인해 보시기 바랍니다.
이러한 방법을 확장시켜 보면 한쪽 그릇의 구슬이 5개일 때는
내가 이기는 구슬의 개수는 그릇별로 각각

5-8-13, 5-9-12, 5-10-15, 5-11-14, 5-16-21, 5-17-20, 5-18-23, 5-19-

22, …입니다.

C-2-6. 한쪽 그릇의 구슬 개수가 6개일 때

나머지 2개의 그릇에 있는 구슬 개수가 각각 8개, 14개면 이깁니다.

그 다음에는 나머지 2개의 그릇에 있는 구슬 개수가 각각 9개, 15개면 이깁니다. 그 이유는 위와 동일하며 독자 여러분께서 각자 확인해 보시기 바랍니다.

이러한 방법을 확장시켜 보면 한쪽 그릇의 구슬이 6개일 때는

내가 이기는 구슬의 개수는 그릇별로 각각

6-8-14, 6-9-15, 6-10-12, 6-11-13, 6-16-22, 6-17-23, 6-18-20, 6-19-21, …입니다.

C-2-7. 한쪽 그릇의 구슬 개수가 7개일 때

나머지 2개의 그릇에 있는 구슬 개수가 각각 8개, 15개면 이깁니다.

그 다음에는 나머지 2개의 그릇에 있는 구슬 개수가 각각 9개, 14개면 이깁니다. 그 이유는 상기와 동일하며 독자 여러분께서 각자 확인해 보시기 바랍니다. 이러한 방법을 확장시켜 보면 한쪽 그릇의 구슬이 7개일 때는

내가 이기는 구슬의 개수는 그릇별로 각각

7-8-15, 7-9-14, 7-10-13, 7-11-12, 7-16-23, 7-17-22, 7-18-21, 7-19-20, …입니다.

상기 전체의 이기는 방법을 요약하면 아래 표1과 같습니다.

표1

1		2		3		4		5		6		7	
2	3	(1/2)		(−1/2)		(1/2)		(2/2)		(−2/2)		(−1/2)	
4	5	4	6	4	7	증증 (UU)		증감 (UD)		감증 (DU)		감감 (DD)	
6	7	5	7	5	6								
8	9	8	10	8	11	8	12	8	13	8	14	8	15
10	11	9	11	9	10	9	13	9	12	9	15	9	14
12	13	12	14	12	15	10	14	10	15	10	12	10	13
14	15	13	15	13	14	11	15	11	14	11	13	11	12
16	17	16	18	16	19	16	20	16	21	16	22	16	23
18	19	17	19	17	18	17	21	17	20	17	23	17	22
20	21	20	22	20	23	18	22	18	23	18	20	18	21
22	23	21	23	21	22	19	23	19	22	19	21	19	20

위의 이기는 방법을 한 그릇의 구슬 개수 8~15개로 확장하면 아래 표와 같습니다.

8		9		10		11		12		13		14		15	
(1/2)		(2/2)		(3/2)		(4/2)		(−4/2)		(−3/2)		(−2/2)		(−1/2)	
증증증		증증감		증감증		증감감		감증증		감증감		감감증		감감감	
(UUU)		(UUD)		(UDU)		(UDD)		(DUU)		(DUD)		(DDU)		(DDD)	
16	24	16	25	16	26	16	27	16	28	16	29	16	30	16	31
17	25	17	24	17	27	17	26	17	29	17	28	17	31	17	30
18	26	18	27	18	24	18	25	18	30	18	31	18	28	18	29
19	27	19	26	19	25	19	24	19	31	19	30	19	29	19	28
20	28	20	29	20	30	20	31	20	24	20	25	20	26	20	27
21	29	21	28	21	31	21	30	21	25	21	24	21	27	21	26
22	30	22	31	22	28	22	29	22	26	22	27	22	24	22	25
23	31	23	30	23	29	23	28	23	27	23	26	23	25	23	24

위와 같은 패턴으로 무한대로 확장하여 이기는 방법의 표를 만들 수 있습니다.

3) 삼체수이론

표1에서 한 개의 그릇에 있는 구슬 개수가 증가하면서 이기는 방법의 패턴이 변하는 것을 관찰할 수 있습니다.

그런데 이것이 변화하는 패턴은 불규칙한 것 같으면서도 내부적으로는 어떤 규칙성이 주기성을 띠고 반복함을 알 수 있습니다. 이것은 바로 카오스현상의 특징입니다.

19세기의 프랑스 수학자 겸 물리학자인 푸앵카레(Henri Poincaré)는 태양, 달, 지구 간의 중력과 궤도를 연구하다가 상당한 수준의 오차가 발생함을 발견하고, 3개 이상의 행성들 사이에서의 상호 중력의 영향으로 인하여 그들 행성의 궤도는 뉴턴의 법칙으로 예측한 값이 허용할 수 있는 오차 범위를 벗어나며 인간이 개발한 대수적 방법으로는 정확한 예측값을 얻을 수 없다는 것을 수학적으로 증명하고 이것을 삼체문제(Three Body Probrem)라고 명명하였습니다. 그리고 이것은 카오스이론이 출발하는 계기가 되었습니다.
필자는 삼체문제가 발생하는 근원적 이유를 발견하였으므로 필자가 해법을 완성한 상기의 게임을 삼체수게임이라고 명명하고 이 게임에서 도출한 이론을 삼체수이론(Three Body Number Theory) 이라고 명명하였습니다.

지금부터 제가 이야기하고자 하는 것은 수의 성질에 관한 것입니다.

폰 노이만은 자신이 창안한 게임이론을 통해서 경제적 의사 결정 모델을 완성하였으며 이것은 나아가 입자와 파동의 운동 메커니즘을 설명하는 기반을 제공하였듯이 삼체수게임도 수의 기본 성질을 파악할 수 있는 근거를 제시하며 이것은 만물의 운행 원리를 설명하는 물리이론인 삼체수이론으로 발전하게 되었습니다.

다시 표1을 살펴보겠습니다.

먼저 최상단의 숫자 1~15를 보시기 바랍니다.

그 숫자들은 1, 2~3, 4~7, 8~15로 그룹화가 되어 있음을 볼 수 있습니다. 그리고 그 그룹들의 맨 앞쪽 숫자는 1, 2, 4, 8이고 이것은 2^0 2^1, 2^2, 2^3으로 표시할 수 있으며, 이것을 일반식으로 표시하면 2^n(n=0, 1, 2, 3 … 무한대)으로 나타낼 수 있습니다. 그리고 각 그룹 내의 숫자들의 개수도 맨 앞의 숫자와 동일하므로 이것 역시 2^n(n=0, 1, 2, 3 … 무한대)으로 나타낼 수 있습니다.

앞으로 반복적으로 설명해 드리겠지만 숫자에는 만물의 성질이 내포되어 있으며 숫자의 성질은 만물의 성질을 반영하고 피타고라스를 비롯한 다수의 고대 그리스 수학자도 이 점을 주장하였습니다.

숫자의 이러한 성질을 증명하기 위하여 예를 들어 빛의 성질과 비교해 보겠습니다.

(1) 파장

위에서 설명한 각 숫자 그룹의 맨 앞 숫자와 동일한 숫자 그룹 내 숫자들의 개수를 표현하는 2^n은 각 숫자 그룹의 파장에 해당합니다. 즉, 빛과 같이 숫자도 파장이 있으며 진동수는 c/파장(=$c/2^n$, c: 빛의 속도)이 됩니다. 빛의 모든 성질은 숫자의 성질을 반영한 것이며 앞으로 보게 되는 것처럼 삼체수이론은 이 점을 증명하는 수많은 증거를 제시합니다.

(2) 스핀

표2

1		2	3	4	5	6	7
스핀	(0)	(1/2)	(-1/2)	(1/2)	(2/2)	(-2/2)	(-1/2)
		증	감	증증	증감	감증	감감
파장 그룹	1	2	2	4	4	4	4

8	9	10	11	12	13	14	15
(1/2)	(2/2)	(3/2)	(4/2)	(-4/2)	(-3/2)	(-2/2)	(-1/2)
증증증	증증감	증감증	증감감	감증증	감증감	감감증	감감감
8	8	8	8	8	8	8	8

파장 그룹의 숫자는 그 그룹의 대표 파장을 말하며 해당 그룹 숫자(입자)의 개별 파장은 각각의 숫자가 그 파장에 해당하지만 그 숫자(입자)는 자기의 짝, 즉 스핀의 절댓값이 같고 부호가 다른 상대 입자(숫자)와 함께 상호 공전하면서 움직이므로 그 파장이 평균화되어 동일한 파장의 그룹이 형성됩니다. 동일 파장 그룹에 속하는 숫자(입자)의 개수는 그 그룹의 첫 번째 숫자의 수와 동일하며 그 수는 2^n으로 증가합니다.

표2에서 괄호 안의 숫자는 해당 숫자(입자)의 스핀을 나타냅니다(진한 색은 스핀 부호가 -입니다).

스핀 계산 방법은 아래와 같습니다.

먼저 표1에서 해당 수의 파장/2 개수를 세로 묶음으로 하여 증감을 표시합니다(우측 숫자 세로 묶음의 평균값이 아래 방향으로 증가하면 증, 감소하면 감을 표시합니다).

그 다음에 해당 수의 파장/4 개수를 묶음(세로)으로 하여 증감을 표시합니다.

그 다음에 해당 수의 파장/8 개수를 묶음(세로)으로 하여 증감을 표시합니다.

이하 동일 방법으로 파장/2^n=1까지 계속합니다.

그 후에,

제일 왼쪽이 증이면 부호가 +, 감이면 부호가 -가 됩니다.

증감 또는 감증이 있으면 1/2을

제일 왼쪽이 증이고 감감이 있으면 1을, 제일 왼쪽이 감이고 증증이 있으면 1을 기본 스핀 1/2에 더해 주면 됩니다.

예를 들면,

숫자 10은 증감증이므로 부호는 +, 증감과 감증이 한 개씩 있으므로 1/2× 2=1을, 제일 왼쪽이 증이고 감감이 없으므로 0을 기본 스핀 1/2에 더하면 +3/2이 됩니다.

숫자 12는 감증증이므로 부호는 -, 감증이 한 개 있으므로 1/2×1=1/2을, 제일 왼쪽이 감이고 증증이 한 개 있으므로 1을 기본 스핀 1/2에 더하면 -4/2가 됩니다(숫자 1은 증감이 없으므로 기본 스핀도 없이 스핀 값이 0입니다).

위와 같은 방법으로 표2 밖의 숫자인 16~31의 스핀과 파장을 표시하면 아래와 같으며 동일한 방법을 사용하여 무한대까지 숫자의 파장과 스핀을 구할 수 있습니다.

	16	17	18	19	20	21	22	23	24	25	26	27	28	29	30	31
스핀	0.5	1	1.5	2	2.5	3	3.5	4	-4	-3.5	-3	-2.5	-2	-1.5	-1	-0.5
파장 그룹	16	6	6	6	16	16	16	16	16	16	16	16	16	16	16	16

동일 파장 그룹 내의 숫자들이 중앙을 기준으로 좌우 대칭이며 스핀의 부호가 반대임을 주목하기 바랍니다. 이것은 현대물리학이 발견한 입자의 스핀과 일치하며, 모든 입자는 자신과 스핀의 부호만 반대이고 절댓값이 동일한 반입자가 있다는 것을 잘 설명해 주고 있습니다.

표2와 같은 방법으로 무한대까지 숫자(입자)의 파장과 스핀을 나타내는 표를 작성할 수 있으며 이렇게 작성한 표를 '원소주기율표(Periodic Table of Elements)'와 비교하여 '입자주기율표(Periodic Table of Particles)'라고 명명하였습니다.

원소주기율표가 있어야 화학방정식을 만들 수 있고 화학방정식을 사용해야 화학반응을 설명할 수 있듯이 입자주기율표가 있어야 입자방정식을 만들 수 있고 입자방정식을 사용해야 입자들의 반응을 설명할 수 있습니다. 노벨상을 수상한 양자물리학자 리처드 파인만(Richard Feynman)이 개발한 '파인만 다이어그램'으로는 입자들의 반응을 상기의 입자방정식과 같이 정확하게 설명할 수 없습니다.

〈요약정리〉

① 모든 자연수(양의 정수)는 고유의 파장과 스핀을 갖고 있으며 '삼체수게임'의 해법을 통하여 모든 수의 파장과 스핀을 알 수 있습니다.

② 빛을 포함한 모든 입자는 고유의 파장과 스핀이 있습니다.

③ 우주의 모든 입자는 수의 성질을 반영하므로 모든 입자에 고유 번호를 부여하고 그 고유 번호에 따른 각각의 파장과 스핀으로 모든 입자를 분류할 수 있습니다.

④ 빛은 무한대 종류의 파장과 스핀으로 구별되는 입자들의 집합체입니다[아인슈타인은 빛은 광양자(Light Quanta)들의 집합체라고 하였습니다].

⑤ 우주의 모든 입자는 자신의 짝에 해당하는 반입자가 있는데 입자와 반입자는 스핀의 절댓값이 같고 부호가 서로 반대입니다.

⑥ 위 ③의 분류 방법에 의해 '입자주기율표(Periodic Table of Particles)'를 만들 수 있으며, '입자주기율표'를 사용하면 '입자방정식'을 작성할 수 있고 이를 통해 모든 입자의 반응을 예측하거나 설명할 수 있습니다.

⑦ 삼체수이론에서 창안한 '입자주기율표'는 입자가 가지는 카오스현상을 질서 정연하게 보여 주기 때문에 카오스이론 연구에 필수적인 도구의 역할을 하게 될 것이며 '원소주기율표'의 근본이 되므로 모든 물질(및 원소)의 생성 과정과 입자들의 역학 메커니즘을 연구하는 데 있어서도 불가결한 도구가 될 것입니다. 그리고 상대성이론의 발견 이후로 오랫동안 답보 상태에 있는 물리학이론의 새로운 도약의 발판이 되어 현대물리학계에 산적한 미해결 과제들을 해결함에 있어서 중요한 역할을 수행할 것입니다. 아울러 물리학 이외의 학문 분야의 연구에도 주요한 도구가 될 것임을 확신합니다.

5. 양자물리학의 오류

양자물리학은 볼프강 파울리(wolfgang Pauli)가 그 기초를 세웠다고 할 수 있을 정도로 그는 양자물리학 전반에 많은 영향을 끼쳤습니다. 물리학 발전에 그가 기여한 많은 공로에도 불구하고 그는 양자물리학의 기초를 이루는 여러 부분에서 오류를 범하였습니다. 그러므로 많은 부분에서 그의 이론을 받아들이고 있는 오늘날의 양자물리학도 여러 부분에서 문제를 안고 있으며, 이러한 문제는 그가 세워 놓은 기초부터 재정립하지 않고서는 해결되지 않는 문제들이라고 생각합니다. 물리학의 특성상 하나의 문제는 또 다른 여러 문제를 낳기 때문입니다. 그러므로 여기에서 단편적으로 양자물리학의 오류를 일일이 적시하는 것보다는 물리학 전반에 걸친 이론의 전개를 논리의 흐름에 따라 순차적으로 진척을 시켜 나가면서 해당 부분을 설명할 때마다 비교하면서 언급하는 것이 효율적이라고 생각합니다.

제2편

우주란 무엇인가?

1. 우주

1) 빅뱅 이전

빅뱅 이전의 우주는 한 개의 점이었으며, 이것은 우주의 모든 질량을 합한 질량을 우주에서 가장 작은 크기의 한 점에 응집한 것입니다. 이 책에서는 이 점을 '광음소1(Light Sound Element1)'이라고 명명하였으며 그 이유는 나중에 자연히 밝혀집니다.

(1) 장

장(Field)은 힘이 작용하는 삼차원 공간을 말합니다.

우주 전체의 삼차원 공간을 좌표로 표시한다면 P(x,y,z)로 나타낼 수 있을 것입니다(x, y, z는 정수). 여기에 실제 거리를 감안한다면 P(rx,ry,rz)로 표현할 수 있겠습니다(r은 우주에서 가장 작은 거리 단위입니다). 우주의 모든 입자의 물리적 움직임이 r의 정수 몇 배 단위로 이루어진다면 우리는 편의상 우주의 모든 삼차원 공간 좌표를 P(x,y,z)로 나타낼 수 있을 것입니다(x, y, z는 정수).

(2) 중력장

중력이 작용하는 장소를 중력장이라고 합니다. 중력은 질량을 가진 물질이 다른 질량을 가진 물질을 당기는 힘이며 뉴턴은 이 힘의 크기는 두 물질의 질량의 곱에 비례하고 두 물질 사이의 거리의 제곱에 반비례한다는 중력의 법칙을 발견하였습니다.

빅뱅 이전에는 상기의 광음소1만이 우주에서 질량을 가진 유일한 물질이었습니다. 중력이 발생하는 이유는 중력장 때문이며 중력장은 질량 때문에 발생합니다. 질량에서 중력장이 발생하는 메커니즘을 아래와 같이 설명할 수 있습니다.

빅뱅 이전에 우주의 모든 질량을 합한 질량을 우주의 가장 작은 크기의 한 점에 집약하고 있는 광음소1로부터 중력장이 발생하며 그 중력장은 다음과 같은 메커니즘을 통해 우주 전역에 분포합니다.

광음소1의 반지름은 우주에서 가작 작은 크기인 r입니다. 삼차원 우주 공간을 좌표로 표시하면 빅뱅 이전의 광음소1이 위치한 좌표는 (0,0,0)이며, 그곳을 중심으로 가까운 순서로 좌표를 나열해 보면, (0,0,r), (0,r,0), (r,0,0), (0,r,r), (r,r,0), (r,0,r), (r,r,r), (0,0,2r), (0,2r,0), (2r,0,0), (2r,0,r), (2r,r,0), (2r,r,r), (2r,2r,r), (2r,2r,2r), …와 같이 나열할 수 있습니다. 이러한 방식으로 우주의 모든 삼차원 공간을 우주에서 가장 작은 크기인 r의 정수 배수의 공간 좌표로 표시할 수 있습니다.

1900년에 막스 플랑크(Max Pranck)가 흑체복사에 관한 '플랑크의 법칙'을 발표하면서부터 양자이론이 출범하였으며 미시세계는 '양자화'가 되어 있다는 것이 밝혀졌습니다. '양자화'가 되어 있다는 것을 수학적으로 표현하면 '정수화'가 되어 있다는 것이 됩니다. 그러므로 앞으로는 편의상 r을 정수1로 간주하여 정수로만 삼차원 우주 공간 좌표를 표시하겠습니다.

우주에서 가장 작은 크기의 점에 해당하는 광음소1이 우주 공간의 모든 위치에 확산되어 배치될 때 그 배치되는 위치의 좌표점을 $P_{(x,y,z)}$로 표현할 수 있습니다. 빅뱅의 시작점 좌표를 $(0,0,0)$이라고 하면 우주 공간에 확산된 모든 광음소1의 좌표를 $(0,0,0)$에 가까운 순서로 나열한다면 $(0,0,1)$, $(0,1,0)$, $(1,0,0)$, $(0,1,1)$, $(1,1,0)$, $(1,0,1)$, $(1,1,1)$, $(0,0,2)$, $\cdots$ (x,y,z)와 같이 무한대로 확장할 수 있습니다.

(3) KIM의 정리

상기에서 $x^2+y^2+z^2=k$라고 하면 k는 빅뱅의 시작점을 중심으로 하는 구(공)의 반지름의 제곱이 됩니다. 그런데 상기 x, y, z를 양의 정수라고 가정한다면 k를 만족하는 (x,y,z)의 조합은 한 개밖에 없다는 정리가 성립합니다.

그것의 증명은 다음과 같습니다.
상기의 정리는 모든 차원에서 성립하는데, 상기 정리의 n차원에 대한 일반식은 $a_1^2+a_2^2+a_3^2+\cdots+a_n^2=k_n$입니다(단, a_1, a_2, a_3, $\cdots$, a_n, k_1, k_2, k_3, $\cdots$, k_n은 양의 정수).

광음소1이 배치된 우주의 공간 좌표 $P_{(x,y,z)}$는 3차원 공간상의 한 점이므로 우리의 눈이 쉽게 인식하지 못하며 이것을 우리의 눈이 쉽게 인식할 수 있는 2차원 평면으로 단순화해 $P_{(x,y)}$로 하여 다음과 같이 설명하겠습니다.
상기 정리를 2차원으로 표현하면 $x^2+y^2=k_2$가 됩니다. 그러므로 원점을 중심으로 모든 좌표점 $P_{(x,y)}$에서 원을 그리면 그 원둘레에는 $P_{(x,y)}$와 $P'_{(y,x)}$ 외에는 어떠한 점도 위치할 수 없다는 것입니다. 이때 $P_{(x,y)}$와 $P'_{(y,x)}$는 같은 조합입니다. 즉, k_2를 만족하는 (x,y)의 조합은 한 개밖에 없다는 것입니다.

이것에 대한 증명은 일단 보류하고 다음으로 진행하겠습니다.
이제 모든 좌표점 $P_{(x,y)}$를 원점$(0,0)$에서 가까운 순서로 표시하면 아래와 같습니다.

(0,1) / (1,1), (2,0) / (2,1), (2,2), (3,0) / (3,1), (3,2), (3,3), (4,0) / ⋯ / (n-1,1), (n-1,2), (n-1,3) ⋯ (n-1,n-1), (n,0) / ⋯와 같이 무한히 확대할 수 있습니다.

좌표점(x,y)와 (y,x)는 같은 조합에 속하므로 상기와 같은 방법으로 나열하면 상기의 좌표점(x,y)는 우주의 모든 2차원 좌표점을 포함하게 됩니다.

이것을 3차원 좌표로 확장하여 표시한 좌표점(x,y,z) 역시 우주의 모든 3차원 공간 좌표점을 포함하게 됩니다. 상기에서 각각의 좌표를 '/'로 구분하였는데, 그것은 각각의 좌표와 원점 사이의 반지름이 n-1보다 크고 n 이하인 반지름 n집단으로 구분한 것입니다(n은 양의 정수). 이렇게 구분하면 2차원 평면의 n집단의 좌표점 개수는 n개가 됩니다. 이것을 3차원 공간으로 확대하면 n집단의 좌표점 개수는 n^2이 됩니다. 에너지(질량) 보존의 법칙에 따라 n그룹의 모든 3차원 공간 좌표점에 분배되는 에너지의 합은 동일합니다. 원점에서 n거리에 있는 3차원 공간의 n그룹에 속한 좌표점 개수는 n^2개입니다. 그러므로 원점에서 n거리에 있는 좌표점의 에너지는 원점 에너지의 $1/n^2$이 됩니다.

이것은 중력과 전자기력이 원점에서의 거리의 제곱에 반비례한다는 우주의 물리법칙과 동일합니다.

그러므로 3차원에서 상기의 정리인 $x^2+y^2+z^2=k_3$를 만족하는 (x,y,z)는 한 개의 조합밖에 없다는 것이 증명됩니다.

동시에 조금 전에 보류해 두었던 $x^2+y^2=k_2$를 만족하는 (x,y)도 한 개의 조합밖에 없다는 것이 증명되며 다른 차원의 정리도 마찬가지로 증명됩니다.

(4) 푸앵카레 추측

상기의 정리는 3차원 우주 공간에서의 모든 좌표점(x,y,z)는 빅뱅의 시작점인 원점 좌표 (0,0,0)을 동심으로 하는 모두가 반지름이 상이한 각각의 구(공)의 표면에 위치한다는 것을 의미합니다(동일한 x,y,z면 순서가 달라도 동일점으로 간주합니다). 그리고 그러한 동심구들의 표면 사이에는 그 동심구들의 표면에 속하지 않는 어떠한 다른 좌표점도 존재하지 않는다는 것을 의미합니다. 그러므로 우리의 3차원 우주 공간에는 상기의 조건에 해당하지 않는 어떠한 좌표점도 존재하지 않으며, 이것은 우주의 삼차원 공간 중에 상기 조건을 만족하지 않는 빈 공간이 없다는 것을 의미합니다.

즉, 우리 우주는 빈 공간이 없는 단일 우주임을 증명하는 것입니다.

이것을 19세기 프랑스 수학자(겸 물리학자)인 푸앵카레가 세계적인 난제인 '푸앵카레 추측(Poincaré Conjecture)'을 통하여 증명하고자 했던 것이며, 저는 상기의 'KIM의 정리'를 창안하고 증명함으로써 '푸앵카레 추측'도 동시에 증명했습니다.

〈요약정리〉

① 1구 1점의 원칙(필자가 명명하였습니다)

우주 공간의 어느 한 점에서 반지름 R(R은 양의 정수)의 구(공)를 그리면, 그 구의 표면에 위치한 좌표점(x,y,z)는 한 개밖에 없습니다(x, y, z는 양의 정수이고 단, 순서가 다른 x, y, z는 모두 한 점으로 간주합니다). 여기서 순서가 다른 좌표는 총 6개(3!=6)인데, 이것은 나중에 설명하는 입자의 '중첩(Superposition)'에서 중요한 역할을 합니다.

② R^2의 원칙(필자가 명명하였습니다)

우주 공간의 어느 한 점에서 반지름 R-1과 반지름 R(R은 양의 정수)의 구(공)를 그리면 그 두 개의 구 사이에는 서로 다른 좌표점(x,y,z)를 통과하는 구의 개수가 R^2개입니다(x, y, z는 양의 정수).

위의 **1구 1점의 원칙**과 **R^2의 원칙**으로 인하여 **에너지**(질량) **보존의 법칙과 힘의 세기는 거리의 제곱에 반비례한다**는 물리 원칙이 성립합니다.

그리고 나중에 설명하겠지만 상기 입자의 '중첩'을 비롯하여 원자 내의 최외각 전자 허용 수의 증명도 상기 원칙으로 설명할 수 있습니다.

앞으로 〈요약정리〉에서 제가 '원칙'이라고 명명한 부분은 꼭 기억해 두기 바랍니다. 다른 여러 물리현상을 설명하는 데 요긴하게 사용됩니다.

양자물리학은 이와 같이 중요한 사실을 아직 모르고 있습니다.

(5) 페르마의 마지막 정리

• 페르마의 마지막 정리란?

"$x^n+y^n=z^n$에서 x, y, z가 0이 아닌 정수(整數)이고, n이 3 이상의 자연수인 경우 이 관계를 만족시키는 자연수 x, y, z는 존재하지 않는다."라는 페르마가 남긴 문제를 일컫는다.

-두산백과에서 인용-

• 페르마의 마지막 정리의 증명

상기의 문제를 양의 정수인 n=1, 2, 3, 4, 5의 경우로 예를 들어 나열해 보면 아래와 같습니다.

n=1일 때, $x+y=z$

n=2일 때, $x^2+y^2=z^2$

n=3일 때, $x^3+y^3=z^3$

n=4일 때, $x^4+y^4=z^4$

n=5일 때, $x^5+y^5=z^5$

n$\geq$6을 계속할 수 있지만 증명을 위해서는 이것만으로도 충분하므로 여기까지만 나열합니다.

아래에는 n=1, 2, 3, 4, 5에 따라 원소로 가능한 x^n, y^n, z^n을 나열합니다.

n=1일 때, 1, 2, 3, 4, 5, 6, 7, …

n=2일 때, 1, 4, 9, 16, 25, 36, 49, …

n=3일 때, 1, 8, 27, 64, 125, 216, 343, …

n=4일 때, 1, 16, 81, 256, 625, 1296, 2401, …

n=5일 때, 1, 32, 243, 1024, 3125, 7776, 16807, …

상기에서 $x<y<z$ 라고 가정하고 상기에서 나열한 수들 중에서 임의의 한 수를 z^n이라고 지정하고 $x^n+y^n=z^n$의 식이 성립하려면 그 z^n이 지정된 위치 직전의 왼쪽 두 수의 합(x^n+y^n)이 z^n보다 같거나 커야 합니다. 왜냐하면 그 두 수는 zn보다 작은 수들 중에 가장 큰 두 개의 수이기 때문에 그 두 수의 합(x^n+y^n)이 zn보다 작으면 다른 어떤 두 수의 합(x^n+y^n)도 zn보다 작을 수밖에 없기 때문에 $x^n+y^n=z^n$의 식이 성립하지 않기 때문입니다.

상기의 관점에서 위에 나열한 수를 살펴보면 아래와 같은 결론을 내릴 수 있습니다.

n=1일 때, 즉 x+y=z는 모든 x, y, z에서 성립합니다.

n=2일 때, 즉 $x^2+y^2=z^2$는 특정 x, y, z에서만 성립합니다.

n>=3일 때, 즉 $x^n+y^n=z^n$는 어떠한 x, y, z에서도 성립하지 않습니다.

위에서 나열한 수들에서 연속된 두 수의 합(x^n+y^n)과 그 직후 오른쪽 수(z^n)의 차이를 보면 오른쪽으로 갈수록 그리고 $n(n>=3)$이 커질수록 그 차이가 커짐을 확인할 수 있습니다. 그러므로 위에서 나열하지 않은 부분도 자명하다고 할 수 있습니다.

그러므로 위의 정리는 증명됩니다.

(6) 푸앵카레 추측과 페르마의 마지막 정리의 물리적 의미

위의 증명 과정을 통해 다음과 같은 물리적 사실을 알 수 있습니다.
이것은 또한 위의 증명 과정이 옳음을 역으로 증명하는 것이 됩니다.

• 우주의 모든 공간과 모든 입자는 양자화(정수화)가 되어 있습니다.

• 모든 차원에서 우리의 우주는 단일한 우주입니다.

- 뉴턴의 만유인력의 법칙과 에너지(질량) 보존의 법칙에서 힘과 에너지의 크기가 거리의 제곱에 반비례하는 근원적 이유를 알게 되었습니다(현대 물리학은 그 법칙은 알지만 이유는 아직 모르고 있습니다).

- 페르마의 마지막 정리에서 n은 입자의 형태를, (x,y,z)는 우주의 공간 좌표를 의미합니다.

그러므로,

- 1차원 입자인 광음소1(빛의 기본 구성 요소)은 동시에 우주의 모든 곳에 존재할 수 있습니다('양자 중첩'의 이유를 설명합니다).

- 2차원 입자인 전자(광소2⁻)는 특정한 위치의 두 개의 장소에 동시에 존재할 수 있습니다(원자들 간의 공유 결합은 전자의 이러한 현상의 발현입니다).

- 3차원 입자(중성자, 양성자 및 광소3~n)는 동시에 한 개의 위치에만 존재할 수 있습니다(광소1~n에 관해서는 나중에 자세히 설명합니다).

〈요약정리〉

중첩의 원칙(필자가 명명하였습니다)

빛과 같은 1차원 입자는 우주의 모든 곳에서 주어진 조건에 따라 중첩(동시에 여러 장소에서 존재한다는 뜻입니다)할 수 있으며 전자와 같은 2차원 입자(2차원인 이유는 나중에 설명합니다)는 특정한 장소에서 주어진 조건에 따라 중첩할 수 있고, 부피를 가진 3차원 입자는 중첩할 수 없습니다.

이와 같이 입자의 중첩은 1구 1점의 원칙과 중첩의 원칙으로 설명할 수 있습니다.

양자물리학은 아직도 중첩의 이유를 모릅니다.

(7) 푸앵카레 추측과 페르마의 마지막 정리에 관한 저의 생각

푸앵카레 추측과 페르마의 마지막 정리는 밀레니엄 7대 난제에 속하는 문제로써 수학계의 노벨상이라고 불리는 필즈상과 함께 거액의 상금이 걸려 있었는데 현시점에는 러시아의 수학자 그레고리 페렐만이 전자를, 영국의 수학자 앤드루 와일스가 후자를 증명한 것으로 인정되고 있습니다.

그런데 이 두 경우 모두 그 증명 과정이 너무 난해하므로 수상위원회에서 다수의 심사 위원을 선정하여 오랜 기간의 심사에 걸쳐서 그들의 합의로 그 증명이 옳다는 것을 인정하고 상을 수여하게 되었습니다. 그러나 페렐만의 경우는 현재까지 본인이 그 수상을 거부하고 있습니다. 아마도 그는 자신의 증명 방법이 그 상을 받기에는 부족하다는 양심적 판단을 하였기 때문이 아닌가 생각합니다.

푸앵카레와 페르마는 모두 당대의 유명한 수학자이며 동시에 물리학자이었습니다. 그들은 물리학에 많은 관심과 노력을 기울였으며, 현대물리학의 발전에 많은 기여를 했습니다.

그들이 이 문제들을 어떠한 의도를 가지고 출제하였고 그 문제들을 어떻게 증명하였는지에 관한 자료는 남아 있지 않습니다.

그러나 남아 있는 몇 가지 자료들로 유추해 보면 그것들의 증명 방법은 복잡하지 않다는 것이며, 그들의 주된 관심사로 볼 때 그 문제들은 물리적 현상(또는 사실)과 관련이 있을 것으로 볼 수 있습니다.

물리적 사실로서 진리(Physical Truth)는 본질적으로 단순한 것이므로 그 증명도 복잡하지 않아야 한다고 생각합니다. 그러나 현재 필즈상 수상위원회에서 결정한 상기 두 명의 해당 문제 증명 방법은 그 문제들의 출제자(푸앵카레와 페르마) 의도에 부합하는 증명 방법이라고 볼 수 없다고 생각합니다.

저는 두 분(페렐만과 와일즈)의 증명 방법을 읽어 본 적도 없고, 그들의 증명 방법을 옳고 그름으로 판단할 의사도 없으며 그들의 업적을 폄하할 생각도 없습니다.

그러나 상기의 이유로 인해서 두 문제는 반드시 출제자의 의도에 맞는 방법으로 증명되어야 하며, 그렇게 함으로써 현대물리학의 발전에도 기여할 것이며 출제자 두 분 역시 이러한 점을 후대에게 기대하고 출제하였을 것이라고 생각합니다.

그러한 의미에서 필자는 상기의 두 문제를 출제자의 의도에 부합하는 방법으로 증명하였으며 이것을 현대물리학에서 밝혀진 물리적 사실로 검증해 봄으로써 그 증명 방법이 옳음을 또한 역으로 재차 증명하였으므로 이 글을 씁니다.

(8) 우주의 생성

빅뱅 이전 광음소1의 질량에 의해 우주 공간 전체에 중력장이 형성됩니다. 그러므로 빅뱅 이전에도 중력장이 형성되어 있었으며 중력장이 작용하는 곳이 우주 공간 전체에 해당합니다. 우주라는 삼차원 공간을 우주가 아닌 곳과 구분하는 기준은 장(Field)의 유무입니다.

장이 있는 공간 좌표 $P(x,y,z)$에는 힘이 작용하는데 중력장은 물질의 질량에서 발생합니다. 질량에서 발생하는 힘인 중력의 크기가 거리의 제곱에 반비례하므로 질량은 그 질량이 영향을 미치는 전체 중력장의 반지름의 제곱에 비례합니다(그래야 질량=에너지 보존의 법칙이 성립합니다).

우주의 총 질량을 M이라고 한다면 빅뱅 이전의 '광음소1'의 질량도 M이며 그 질량의 힘이 작용하는 삼차원 우주 전체 구(공)의 반지름을 R이라고 하면, $M=gR^2$(g는 우주 중력 상수)으로 표현할 수 있으며, g는 상수이므로 편의상 g=1로 가정하면 $M=R^2$이 됩니다.

그러면 빅뱅 이전 우주 경계면(반지름 R)의 총 질량은 R^2이며, 경계면 근처의 반지름 R-1에서 R 사이의 서로 다른 좌표점 $P(x,y,z)$를 통과하는 구의 개수가 R^2개이므로 한 개 좌표점 $P(x,y,z)$의 질량은 1이 되며 그 좌표점 $P(x,y,z)$에서의 중력도 1이 됩니다.

또한, 모든 물질에서 발생하는 중력장의 경계면 근처에 있는 좌표점의 질량과 중력은 모두 1이 됩니다. 즉, 중력=g×질량입니다(앞에서 g를 1로 가정합니다).

질량이란 무엇인가?

모든 물질에는 광음소1이 내재하며 질량은 물질 내 모든 광음소1의 중력의 합계입니다. 중력을 발생시키는 중력파의 파장 크기는 일정하고 중력의 크기는 중력파 진폭의 제곱의 크기에 비례합니다. 그러므로 질량은 물질 내 모든 광음소1이 발생시키는 모든 중력파 진폭의 제곱의 합계입니다.

중력은 질량에서 발생하는 중력파의 산물입니다. 중력파 파장의 크기는 일정하며 그 크기는 우주에서 가장 작은 크기인 'r'입니다. 중력파의 세기는 중력파 진폭의 제곱에 비례합니다. 중력파의 세기는 그 중력파를 발생시킨 질량을 가진 물질의 중심에서의 거리의 제곱에 반비례합니다.

이것으로부터 다음과 같은 사실을 알 수 있습니다.

- 빅뱅 이전 우주 전체의 질량은 gR^2입니다(g=우주 중력 상수, R=우주의 반지름).

- 우주 경계면 개별 좌표점의 질량과 중력은 g입니다. 모든 물질의 중력장 경계면의 개별 좌표점에 대한 질량과 중력은 g입니다.

- 우주의 크기(반지름) R은 불변입니다.

- 빅뱅 이전의 전체 우주에는 우주에서 가장 큰 질량(=광음소1의 진폭)을 가진 빅뱅 이전의 광음소1에 의해 발생하는 중력장의 힘이 작용하며 그 힘에 의해 우주의 모든 삼차원 공간의 정수 좌표 P(x,y,z)에 광음소1의 중력파가 생성되었으며 우주의 경계면에는 우주에서 가장 작은 진폭(질량)의 중력파를 가진 광음소1의 파동이 생성되었으며 그 광음소1의 파동 진폭(기본 진폭=l)은 향후에 우주에서 발생하게 되는 모든 종류의 힘의 매개자가 됩니다(차후에 통일장 부분에서 다시 설명합니다).

이렇게 우주에서 최초로 생성되어 우주를 구성하고 있는 '광음소1'은 처음 생성되었을 당시의 3차원 우주 공간상에서의 위치를 고수합니다. 이것은 흡사 스프링 침대 위에 있는 공처럼 외부의 힘을 받으면 출렁이다가 그 힘의 소멸과 함께 원위치로 복귀하는 것과 같습니다. 이것을 그림으로 묘사하면 다음과 같은데 자료1은 아인슈타인의 일반 상대성이론을 설명하는 위키피디아에서 가져온 것이며 지구 모양의 공을 '광음소1'이라고 간주하기 바랍니다.

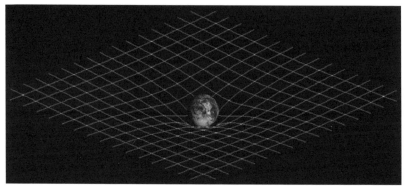

자료1

<요약정리>

모든 물질에서 발생하는 중력장의 경계면 근처에 있는 좌표점의 질량과 중력은 모두 1이 됩니다. 즉, 중력=g×질량입니다(g=1로 가정합니다).

2) 빅뱅 이후

(1) 물질(입자)의 생성

빅뱅 이전의 광음소1은 모든 만물의 근원이며 우주의 모든 질량이 우주에서 가장 작은 크기의 한 점에 축약되어 있는 것입니다. 이 광음소1이 폭발(빅뱅)하여 우주의 모든 물질을 형성하며 그 과정은 다음과 같습니다.

광음소1이 폭발하여 무한한 개수의 광음소1들로 분리되어 우주 공간으로 확산되어 갈 때, 빅뱅의 시작점으로부터 멀어지려는 원심력(폭발력)과 빅뱅의 시작점에서 당기는 구심력(중력)의 균형점에서 광음소1들은 다음과 같은 왕복운동을 합니다.

'광음소1'이 왕복운동을 하는 방법은 다음과 같이 3가지가 있습니다.

- 시계 방향 회전운동
- 반시계 방향 회전운동
- 직선 왕복운동

빅뱅 이전의 광음소1이 폭발(빅뱅)하여 무한한 개수의 광음소1로 분리되어 독자적인 운동을 시작하면서 최초의 입자(Particle)가 출현하였으며 이것이 물질(Matter) 생성의 기원인데 그 구체적 내용은 다음과 같습니다.

- 시계 방향 회전운동을 하는 '광음소1'은 입자가 되었으며 이것이 양전자입니다. 필자는 이것을 '광소2⁺'라고 명명하였습니다. 광소2+는 시계 방향으로 회전하기 때문에 +전하를 띠며, 동시에 자기장도 띠게 됩니다.
- 반시계 방향 회전운동을 하는 '광음소1'은 입자가 되었으며 이것이 전자입니다. 필자는 이것을 '광소2⁻'라고 명명하였습니다. 광소2⁻는 반시계 방향으로 회전하기 때문에 -전하를 띠며, 동시에 자기장도 띠게 됩니다.
- 직선 왕복운동을 하던 '광음소1'은 입자가 되었으며 현대물리학에서는 아직도 이것의 존재를 인식하지 못하고 있습니다. 필자는 이것을 '음소2'라고 명명하였습니다. 음소2는 회전운동을 하지 않으므로 전하를 띠지 않으며 동시에 자기장도 띠지 않습니다.
- 3개의 광소2⁺와 3개의 광소2⁻가 합쳐져서 정사면체가 되는데 정사면체의 옆변 3개는 모두 광소2⁺이고 밑변 3개는 모두 광소2⁻입니다. 이렇게 하여 최초의 입방체 입자가 생성되었으며, 이것의 이름을 광소3이라고

명명하였습니다.

- 6개의 음소2가 합쳐져서 정사면체가 되는데 정사면체의 옆변 3개와 밑변 3개는 모두 음소2입니다. 이렇게 하여 최초의 입방체 입자가 생성되었으며 이것의 이름을 음소3이라고 명명하였습니다. 음소3을 구성하는 음소2 모두가 전하와 자기장을 띠지 않으므로 음소3도 전하와 자기장을 띠지 않습니다.

위와 같은 방법으로 우주의 모든 물질을 만들 수 있는 기본 재료가 완성되었습니다.

고대부터 많은 학자가 우주의 기본 요소를 물, 불, 흙, 나무, 쇠 등과 같이 여러 요소로 나눠 왔으며 이에 관해서는 여러 학설이 존재합니다.

저는 5분법을 채택하며 '우주의 5요소'는 위와 같이 광소$^+$, 광소$^-$, 음소2, 광소3, 음소3이며 이 5개의 요소를 가지고 우주에서 만들 수 없는 물질은 없으며 그 이유는 아래와 같습니다.

(2) 원소(원자)의 생성

우주의 모든 원소는 양성자와 중성자로 구성되어 있으며 그 주위를 전자가 회전함으로써 우주의 물질을 구성하는 각종 원자를 생성합니다.

이제부터 위의 5개 기본 요소가 어떻게 양성자와 중성자를 구성하며 또한 어떻게 원자의 시스템을 구성하는지 말씀드리겠습니다.

- 중성자의 생성

'삼체수이론'에서 창안한 '입자주기율표'를 사용하면 입자의 충돌 전후 변화과정을 정확하게 알 수 있습니다.

그 이유는 원소주기율표가 없을 때는 화학방정식을 작성할 수 없었기 때문에 분자들의 화학반응 전후 상황을 제대로 파악할 수 없었지만, 원소주기율표가 나온 뒤에는 화학방정식을 사용하여 분자들의 화학반응 전후 상황을 정확하게 알 수 있는 것과 마찬가지로 삼체수이론의 입자주기율표는 입자의 세계에서 원소주기율표와 같은 역할을 하며 그 입자주기율표를 사용하여 입자방정식을 작성하면 입자들의 충돌 전후 상황을 정확하게 알 수 있기 때문입니다.

다음에서 입자방정식을 통하여 중성자의 생성 과정을 설명하겠습니다.

광소2$^+$(양전자)+광소2$^-$(전자)+음소3=중성자('입자방정식')
이때 5요소 중의 나머지 2요소인 음소2와 광소3은 중성자 주위를 회전합니다. 현대물리학은 원자핵의 주위를 전자만 회전한다고 생각하는 오류를 범하고 있는데 삼체수이론에서는 중성자의 주위는 광소3(현대물리학에서 반중성미자로 부릅니다)과 음소2(현대물리학에서 중성미자라고 부릅니다)가 회전하며, 양성자의 주위는 음소3(현대물리학에서 반중성미자로 부르며 광소3과 구분하지 못하고 있습니다)과 전자(광소2$^-$)가 회전하고 있다고 설명합니다. 그런데 광소3, 음소2, 음소3은 모두 전하를 띠지 않고, 현대물리학에서 이것을 단독으로 검출할 수단이 마땅치 않기 때문에 아직도 이것들에 대한 정확한 인식을 하지 못하고 있습니다. 이처럼 원자 내부는 삼체수이론에서 구분하는 우주의 기본 5요소가 모두 참여하고 있습니다.

표2에서 보면 숫자2의 스핀은 1/2이고 숫자3의 스핀은 -1/2입니다. 그래서 광소2$^+$, 광소2-, 음소2도 마찬가지로 스핀이 1/2이고 광소3과 음소3은 스핀이 -1/2입니다. 그러므로 위의 '입자방정식'에서 좌변 전체 스핀의 합은 1/2입니다. 그런데 중성자의 스핀도 1/2이므로 위의 입자방정식이 옳음을 검증할 수 있습니다.

- 양성자의 생성

중성자에서 베타붕괴가 발생하여 전자가 중성자를 탈출하여 중성자 밖에서 중성자 주위를 회전하던 음소2와 자리를 서로 바꾸고 중성자 속의 음소3과 중성자 밖에서 중성자 주위를 회전하던 광소3도 서로 자리를 바꿉니다. 그 결과로 중성자는 양성자로 변환됩니다. 이때의 과정은 아래와 같습니다.

광소2$^+$(양전자)(스핀: 1/2)+음소2(스핀: 1/2)+광소3(스핀: −1/2)=양성자(스핀: 1/2)('입자방정식')

이때 5요소 중 나머지 2요소인 광소2$^-$(전자)와 음소3은 양성자 주위를 회전합니다.

〈베타붕괴와 파울리 가설의 오류〉

베타붕괴의 메커니즘에 대해서는 하이젠베르크가 중성자를 양성자와 전자의 복합입자라고 생각함으로써 원자핵 내부의 중성자가 전자를 방출하는 과정일 것이라고 추론하였습니다. 그러나 중성자, 양성자, 전자는 동일한 스핀(1/2)을 갖고 있으므로 이 이론은 '각운동량 보존의 법칙'에 위배되므로 배척되었습니다(중성자=양성자+전자라고 하면 1/2=1/2+1/2이 되므로 변환 전후 입자들의 스핀 합이 일치하지 않습니다).

그래서 이 문제에 대한 해결책으로 1931년에 파울리가 '중성미자 가설'을 발표하고 중성자를 더 이상 복합입자로 생각하지 않고 중성자가 양성자로 변환되면서 전자와 반중성미자(스핀=−1/2)가 방출된다는 것으로 해석한 이론을 고안하였으며(파울리는 이것이 반중성미자라는 것을 모르고 중성미자라고 생각하였습니다) 양자물리학계는 이것을 받아들였으며 이것은 오늘날 쿼크이론의 근간이 되고 있습니다.

그러나 파울리는 변환 전후 입자들의 각운동량(스핀)을 맞추기에 급급하여 중성미자(Neutrino) 개념을 고안한 것에 불과하며 그것은 반은 맞고 반은 틀린 불완전한 가설입니다. 그리고 중성자가 복합 입자가 아니라 단일입자라고 생각한 것도 그의 오류입니다. 삼체수이론은 위와 같이 파울리의 오류를 손쉽게 증명할 수 있습니다.

• 원소(원자)의 생성

위와 같은 과정을 거쳐 양성자의 주위를 전자와 음소3이 회전함으로써 최초의 원자인 수소(H) 원자가 생성되었으며 더 많은 양성자와 중성자의 주위를 더 많은 수의 전자, 음소2, 광소3, 음소3이 회전하는 조합으로 다른 모든 원소(원자)가 생성되었습니다.

그러므로 위에서 언급한 '우주의 5요소'인 광소2$^+$, 광소2$^-$, 음소2, 광소3, 음소3을 사용하여 우주의 모든 물질이 만들어졌음이 증명되었습니다.

〈요약정리〉
① 빅뱅 이전 태초의 한 점인 광음소1의 움직임에 의해 우주의 기본 5요소인 광소2$^+$(양전자), 광소2$^-$(전자), 음소2, 광소3, 음소3이 생성되었으며 그 기본 요소들의 결합으로 우주의 모든 물질이 생성되었습니다.
② 원자핵은 양성자[광소2$^+$(양전자)+음소2+광소3]와 중성자[광소2+(양전자)+광소2$^-$(전자)+음소3]로 구성되어 있으며 그 주위를 광소2$^-$(전자), 음소2, 광소3, 음소3이 회전합니다.
양자물리학은 양성자와 중성자 주위를 전자만 회전한다고 생각하고 있습니다(나중에 그 오류를 증명하겠습니다).

3) 우주의 완성

위에서는 빅뱅 이전의 한 점(광음소1)에서 시작하여 우주의 모든 원소(원자)가 생성되는 과정을 설명하였습니다. 이제는 우주가 확장되는 과정을 순서대로 설명하겠습니다.

(1) 빅뱅 이전

빅뱅 이전 광음소1의 질량에 의해 우주 공간 전체에 중력장이 형성됩니다. 그러므로 빅뱅 이전에도 중력장이 형성되어 있었으며 중력장이 작용하는 곳이 우주 공간 전체에 해당합니다. 우주의 모든 삼차원 공간에는 '최소 광음소1'의 파동이 존재합니다. 우주는 그 크기가 일정하며 빅뱅 이전에 이미 형성되어서 현재까지 불변입니다.

(2) 광소2⁺(양전자), 광소2⁻(전자), 음소2, 광소3, 음소3의 생성

위에서 설명한 것처럼 빅뱅 직후에 광소2⁺(양전자), 광소2⁻(전자), 음소2가 먼저 생성되고 뒤이어 광소2⁺(양전자), 광소2⁻(전자)의 결합으로 광소3이 생성되고 음소2의 결합으로 음소3이 생성됩니다. 이렇게 하여 우주의 5대 기본입자인 광소2⁺(양전자), 광소2⁻(전자), 음소2, 광소3, 음소3이 생성됩니다.

(3) 중성자와 양성자의 생성

상기 우주의 5대 기본입자들은 서로 간의 상호작용에 의해 결합할 수 있는데 그 대부분은 일시적 결합으로 결합 직후에 붕괴하며 물질을 구성할 정도의 안정적 결합을 하는 것은 중성자와 양성자를 구성하는 3개의 기본입자들 조합밖에 없습니다.

(4) 원소(원자)의 생성

위에서 생성된 중성자와 양성자의 주위를 우주의 5대 기본입자 중에서 중성자와 양성자 모두의 구성 요소로 포함되어 있는 양전자(광소2⁺)를 제외한 전자(광소2⁻), 음소2, 광소3, 음소3들이 회전하며 그 종류와 개수에 따라 원소(원자)가 결정됩니다. 원자 번호가 큰 원자핵이 불안정하고 핵분열을 통해서 안정되려고 하는 이유는 원자핵을 회전하는 입자가 위와 같이 전자 이외에도 많기 때문에 그들 사이에 존재하는 힘의 영향력 변화가 복잡하기 때문입니다. 이들 간에 상호작용하는 힘은 인간의 대수적인 방법으로는 계산할 수 없다는 것을 푸앵카레가 증명하였으며 그것이 삼체문제입니다.

양자물리학은 전자만이 원자핵의 주위를 회전한다고 생각하기 때문에 원자 내부 힘의 메커니즘을 규명하는 이론에서 오류를 범하고 있습니다(나중에 '통일장'을 다룰 때 설명합니다).

양전자는 중성자 또는 양성자 안에 갇혀 있는데 그 이유는 다음과 같습니다.

중성자는 광소2$^+$(양전자), 광소2$^-$(전자), 음소3으로 구성된 복합입자입니다. 그런데 광소2$^-$(전자) 내의 광음소1의 회전 방향은 우리 은하계의 회전 방향과 반대입니다. 그래서 중성자를 쉽게 탈출하고 그 자리를 동일한 스핀값을 가진 음소2가 채우고 동시에 중성자를 구성하던 음소3도 광소3으로 교체됩니다(왜냐하면 음소2와 음소3은 서로 반입자 관계로 서로 밀치는 힘이 작용하기 때문입니다). 이것이 베타붕괴의 과정이며 베타붕괴의 결과로 중성자는 양성자가 되며 중성자 안에 있던 전자는 탈출하여 새로이 생성된 양성자의 주위를 돌거나 물질을 탈출합니다. 그러므로 양전자는 중성자나 양성자를 거의 영구히 탈출하지 못합니다. 그래서 우리 은하계에는 양전자가 희귀합니다(대부분이 양성자와 중성자에 갇혀있기 때문입니다). 우리 은하계에 양성자와 반대 전하를 가진 음성자(전자+음소2+광소3)가 희귀한 이유도 동일합니다. 이것을 '중입자 불균형의 문제'라고 하며 양자물리학은 아직도 그 원인을 규명하지 못하고 있습니다.

(5) 우주의 확장

아인슈타인은 한때 우주의 크기는 태초에 우주가 생성된 이래로 그 크기가 일정하며 불변이라는 '안정우주이론'을 주장하고 '우주 상수' 개념을 도입하여 그 이론을 뒷받침하였습니다.

그러나 1929년 미국의 천문학자 에드윈 허블(Edwin Powell Hubble)이 "모든 은하들이 우리 은하로부터 멀어지고 있으며 그 속도는 은하들까지의 거리에 비례한다."라고 '허블법칙'을 발표함으로써 '팽창우주이론'이 등장한 이후 아인슈타인은 자신의 주장을 철회하였습니다.

저는 앞에서 이미 설명한 것처럼 아인슈타인이 처음에 주장하였던 '안정우주이론'을 지지합니다. 즉, 빅뱅 이전에도 '우주의 모든 질량을 합한 질량을 가진 우주에서 가장 작은 크기의 한 점(구)'에 해당하는 '광음소1' 질량의 영향으로 중력장이 형성되어 있었으며 그 중력장이 미치는 모든 공간이 우주의 크기이며 그 크기는 빅뱅 이전부터 현재에 이르기까지 일정하며 불변이라고 생각합니다.

단지 빅뱅 이전에는 우주의 경계면에 입자의 성질이 아닌 파동의 성질을 가진 중력장이 존재하였던 것입니다. 그러다가 빅뱅 이후에는 입자의 형태를 가진 원소(원자)가 생성되었고 그것들이 결합하여 더 큰 질량을 가진 물질이 형성되었고 별들이 생성되고 우주가 확장되어 가면서 지금의 우주를 형성하게 되었습니다.

그러므로 질량을 가진 입자의 측면에서 우주를 보면 우주는 팽창하고 있으며 에너지를 가진 파동의 측면에서 보면 우주는 현재까지 빅뱅 이전의 크기 그대로 변함이 없다고 저는 주장합니다.

그러한 관점에서 최근에 중력파의 존재가 발견된 것을 계기로 하여 아인슈타인의 '우주 상수'와 '안정우주이론'이 재조명되고 있는 것도 흥미롭다고 생각합니다.

〈요약정리〉

태초 빅뱅의 시작점인 광음소1에 대한 중력의 힘이 미치는 곳 전체를 우주 공간이라고 간주하면 우주의 크기는 빅뱅 이전부터 지금까지 동일합니다(아인슈타인의 '안정우주이론'과 유사한 개념입니다).

2. 원자

원자의 구조에 관하여는 많은 물리학자의 이론이 있었으며 물리현상의 시각적 설명을 위해서는 보어의 이론이 가장 적합한 것으로 인식되고 있습니다. 그러나 보어의 이론도 결함이 발견되어 하이젠베르크의 '불확정성이론'을 반영하여 원자핵의 주위를 전자가 확률적으로 분포한다는 이론이 양자물리학의 주류를 이루고 있지만 아직도 그 시각성과 단순성의 장점으로 인해 보어의 이론이 활용되고 있습니다.

저는 이와 관련해서 보어나 양자물리학과는 다른 견해를 가지고 있으며 이것을 양자물리학에서 큰 관심을 갖고 노력하고 있지만 아직도 확립하지 못하고 있는 '초전도현상이 발생하는 이유'에 관한 이론을 명확하게 제시하는 과정에서 원자의 구조를 입증하였습니다.

머리말에서 말씀드린 것처럼 예전에 초전도현상과 관련해서 작성하였던 저의 글을 그대로 아래와 같이 수록하오니 먼저 참조하시면 이해에 도움이 되실 것이라 생각합니다.

초전도현상이 발생하는 이유(최초의 완전한 이론)

1. 서론

초전도현상은 극저온의 상황에서 물질의 전기저항이 0이 되는 현상을 말합니다. 이러한 현상을 발견하고 초전도체를 합성하여 이미 여러 명의 물리학자가 노벨상을 수상하였고 그 응용 기술도 이미 상용화가 되어 현대 산업의 여러 부문에서 활용되고 있습니다.

그러나 아직까지 상기 현상을 완벽하게 설명할 수 있는 이론은 정립되지 못하고 있습니다.

필자는 상기 현상을 하등의 모순점이 없이 일관되게 설명할 수 있는 이론을 정립하였으므로 이 글을 씁니다.

상기 현상을 설명하려면 먼저 전자의 본질에 관하여 양자물리학에서 이해하고 있는 부분을 수정하여야 합니다.

그렇게 하면 현시점에 양자물리학에서 설명하지 못하고 난관에 봉착해 있는 다른 문제들의 상당 부분도 자연히 해결할 수 있을 것입니다.

그러므로 먼저 전자의 본질에 관하여 기술하고, 이어서 그렇게 수정함이 타당한 이유를 설명하고, 마지막으로 초전도현상이 발생하는 원리에 관하여 고찰해 보도록 하겠습니다.

2. 전자의 본질

양자물리학에서는 전자를 한 개의 점(또는 구)과 같은 물체로 인식하고 있습니다. 그러나 이것은 전자의 본질에 관한 잘못된 인식이며 현대물리학의 오류 또는 미해결의 상당 부분은 이러한 잘못된 인식에서 비롯됩니다.

전자의 본질은 그 한 점(또는 구) 자체가 아니라 그 한 점이 그리는 타원 궤적 전체를 의미합니다. 그러므로 전자의 본질은 1차원 구체가 아니라 2차원 평면체인 것입니다.

앞으로 편의상 전자의 핵에 해당하는 그 한 점의 구체를 '광음소1(Light Sound Element1)'이라고 부르겠습니다(그것은 빛과 소리의 핵이기도 하므로 그렇게 명명하였습니다).

그 '광음소1'의 구체가 시계 방향으로 회전하여 2차원 평면체가 된 것이 양전자이며 반시계 방향으로 회전하여 2차원 평면체가 된 것이 전자입니다. 그것이 시계 방향으로 회전하면 왼손의 엄지 방향으로 자기장이 형성되고 양전기장이 형성되며, 반시계 방향으로 회전하면 왼손 엄지의 반대 방향으로 자기장이 형성되고 음전기장이 형성됩니다.

그러므로 '광음소1'이 2차원 타원 평면체를 만드는 회전 방향('광음소1'의 자전 방향이 아님에 유의하시기 바랍니다)에 따라 전기장의 방향과 그것에 항상 직각으로 향하는 자기장의 방향이 결정됩니다.

이렇게 전자의 본질을 현대물리학이 이해하고 있는 것과는 다르게 보는 이유를 다음과 같이 설명하겠습니다.

1) 자석의 쌍극성

자석은 항상 N극과 S극을 함께 가지고 있으며 아무리 자석을 둘로 쪼개어도 N극과 S극이 분리되지 않습니다.

그 이유는 아래와 같습니다.

자석은 자기화 물질이 물체의 전체에 골고루 분포되어 있는 물체입니다. 자기화 물질은 강자성체에 강한 자기장이 가해지면 생성되는 물질입니다.

비자기화 물질 내의 전자 속 '광음소1'의 회전 방향은 그 전자가 공전하고 있는 **원자핵을 향하여** 반시계 방향으로 회전합니다.

그러나 자기화 물질 내의 전자 속 '광음소1'의 회전 방향은 그 자기화 물질을 포함하는 물체 전체의 **무게 중심점을 향하여** 반시계 방향으로 회전합니다.

그러므로 자기화 물질을 물체 전체에 골고루 포함하고 있는 물체(자석) 전체의 **무게 중심점**에서 그 물체 전체의 양쪽 끝부분을 각각 바라보면, 그 양쪽 끝부분의 전자 속 '광음소1'의 회전 방향은 반대쪽에 있는 전자 속 '광음소1'의 회전 방향과 항상 반대가 됩니다.

그러므로 자석 양쪽 끝부분의 자기장 방향은 반대쪽의 자기장 방향과 항상 반대가 됩니다.

그러므로 자석을 아무리 양분하여도 N극과 S극은 자석의 양쪽 끝에 있는 서로에 대해 반대의 극이 동시에 발생하며 한쪽의 극만 가지는 '자기단극자'는 우리의 우주에는 존재할 수가 없습니다.

이러한 사실로 우리는 다음과 같은 중요한 물리적 원리(사실)를 알 수 있습니다.

- 전자는 '광음소1'의 타원 궤적이 그리는 2차원 평면입니다.
- 전자 속 '광음소1'의 타원 궤적 회전 방향은 항상 반시계 방향이지만 그 전자를 **바라보는** 위치의 변화에 따라 그 회전 방향은 달라지는데 전자가 발생시키는 전기장과 자기장의 방향은 그 전자를 **바라보는** 위치에 의해서 결정되며 자기화 물질은 물체의 무게 중심점을 기준으로 회전 방향이 결정되며 비자기화 물질은 원자핵을 기준으로 회전 방향이 결정됩니다(그 이유는 이 글의 주제에서 벗어나기 때문에 다른 글에서 다루겠습니다).

2) 원소주기율표상의 전자각별 최대 허용 전자 수

원자핵을 회전하는 전자의 타원 궤도의 반지름을 nr(n은 양의 정수)이라 하고 전자가 원자핵을 공전하는 최소 반지름을 r이라고 하면 우주의 모든 입자는 정수 배수의 원리에 따라 행동한다는 양자이론에 따라 r의 n배수 좌표점 대신에 정수 좌표점으로 원자핵 주위의 모든 좌표를 $P(x,y,z)$ $(x, y, z$는 양의 정수)로 표시할 수 있습니다. 그러면 원자핵의 위치 $P(0,0,0)$를 기준으로 하여 정수 반지름이 $n-1$보다 크고 n 이하에 속하는 정수 좌표점 $P(x,y,z)$를 전자가 통과할 수 있는 경우의 수는 제1사분면 내에는 n^2개가 됩니다(제2편 (2)중력장 참조하시기 바랍니다). 그러면 제2~제4사분면 각각 n^2개가 되므로 모두 합하면 $4n^2$가 됩니다. 그런데 $n \geq 2$면 제1사분면과 제2사분면의 모든 위치 전자 속의 광음소1은 시계 반대 방향으로 회전하지만 제3사분면과 제4사분면 전자 속 광음소1의 회전을 원자핵의 위치 $P(0,0,0)$에서 내려다보면 그 회전 방향은 위와 반대 방향인 시계 방향이 될 것입니다. 이것은 원자핵의 위치 $P(0,0,0)$를 기준으로 하였을 때, 전자의 전기장과 자기장의 방향이 반대 방향으로 변화함을 의미합니다. 그러므로 동일한 제n궤도($n \geq 2$)라도 제1, 제2사분면에 비하여 제3, 제4사분면 전자들의 전기적 성질과 자기적 성질은 서로 반대인 것입니다. 그러므로 제n궤도($n \geq 2$)의 전자들의 위치에 대한 경우의 수는 합계 $4n^2$이 아니라 서로 반대의 전기적, 자기적 성질을 갖는 두 가지 $2n^2$ 경우의 수로 나누어집니다.

그런데 $n=1$(제1궤도)이면 전자가 원자핵을 공전하는 궤도의 중심점이 항상 원자핵의 위치 $P(0,0,0)$가 됩니다. 그러므로 제1사분면과 제3사분면 궤도는 서로 중첩되며 제2사분면과 제4사분면 궤도도 마찬가지로 중첩됩니다. 그러므로 제1궤도 전자의 위치에 대한 경우의 수는 제1~제3사분면 연결 궤도와 제2~제4사분면 연결 궤도를 합해서 두 개($2 \times 1^2 = 2$개)인 한 가지뿐입니다.

즉, 원소주기율표상의 제n궤도의 최대 허용 전자 수는 $2n^2$개이며,
제1(K)궤도($n=1$)는 $2n^2$개씩 한 가지이며 2개,

제2(L)궤도($n=2$)는 $2n^2$개씩 두 가지이며 8개씩 두 가지,

제3(M)궤도(n=3)는2n^2개씩 두 가지이며 18개씩 두 가지,

제4(N)궤도(n=4)는2n^2개씩 두 가지이며 32개씩 두 가지가 됩니다.

이러한 사실로 우리는 위에서와 같이 다음 사실을 확증할 수 있습니다.

(1) 전자 속의 '광음소1'의 회전 방향은 항상 반시계 방향이지만 그 전자를 바라보는 위치에 따라서 그 회전 방향이 달라지며 상기의 경우는 원자핵의 위치에서 바라보는 전자 속의 '광음소1'의 회전 방향에 따라 전자의 전기장과 자기장의 방향이 달라지는 것을 보여 주는 예입니다.

(2) 필자가 위에서 말한 '푸앵카레 추측'의 증명 방법이 옳음을 '전자궤도의 최외각 허용 전자 수'를 입증함으로써 추가적으로 또 다른 방법으로 검증되었습니다.

3) 전자궤도와 그 경사각도
전자의 궤도에는 총 3종류의 궤도가 있습니다.
각각의 궤도를 다음과 같이 설명하겠습니다.

(1) 공전궤도
전자가 원자핵을 공전하는 궤도를 말합니다(현대물리학에서는 이 궤도만을 인식하고 있습니다).
물체의 온도에 따라 공전궤도의 경사각도는 변화합니다(그 이유는 '흑체복사' 부분을 다룰 때 설명합니다).
즉, 물체의 온도가 절대온도 0도일 때의 경사각도를 절대각도(0도)로 하여 온도가 상승함에 따라 그 경사각도가 상승합니다. 물체의 온도와 공전궤도의

경사각도는 비례한 것입니다.

'보즈·아인슈타인의 응축' 현상은 물체가 절대온도에서 공전궤도의 경사각도가 0도가 될 때에 나타나는 현상입니다.

외부 에너지가 유입되면 전자는 더 큰 각각의 운동 에너지를 가지는(더 큰 공전 반지름궤도) 공전궤도로 이전합니다. 이에 따라 전자가 반지름이 다른 여러 공전궤도에 분산 배치되어 원자핵을 공전하며 에너지가 유출되면 반대로 반지름이 더 작은 공전궤도로 이전합니다.

(2) 자체궤도(자전궤도가 아닙니다)

전자 속의 '광음소1'이 회전하는 궤도를 말하며 이 궤도 전체가 전자의 본질입니다. 자체궤도는 물질의 종류에 따라 그 궤도의 경사각이 달라지는데 자기화 물질은 물체의 무게 중심점을 기준으로 회전 방향과 경사각도가 결정되며 비자기화 물질은 원자핵을 기준으로 회전 방향과 경사각도가 결정됩니다.

자기화 물질이 생성되는 시점에 그 물질에 가해진 자기장의 세기에 비례하여 전자 속 '광음소1'의 회전각 속도는 증가합니다. 그러므로 그에 따라 발생하는 자체 자기장의 세기도 증가합니다.

물체의 온도에 따라 자체궤도의 경사각도는 변화합니다. 즉, 물체의 온도가 절대온도 0도일 때의 경사각도를 절대각도(0도)로 하여 온도가 상승함에 따라 그 경사각도가 상승합니다. 그러므로 물체의 온도와 자체궤도의 경사각도는 비례하고 자체궤도의 경사각도는 물체를 구성하는 물질의 종류와 물체의 온도에 따라 차이가 발생합니다.

(3) 스핀궤도

전자는 제3의 입자인 '광소3'(다른 글에서 설명하겠습니다)과 서로를 공전하면서 원자핵을 공전합니다. 현대물리학에서 알고 있는 전자의 스핀은 바로 이 궤도에

서 발생합니다.(이 부분은 이 글의 주제에서 벗어나기 때문에 다른 글에서 다루겠습니다)

3. 초전도현상

1) 전자의 자기장

현대물리학에서 전자의 자기장은 전자 전체의 회전(또는 움직임)으로 인해 발생한다고 설명하고 있지만 전자의 자기장이 발생하는 근본 원인은 위의 설명과 같이 전자 속 '광음소1'의 타원 궤적에 따른 회전 때문에 발생합니다.

2) 전기저항

초전도현상은 극저온의 상황에서 물체의 전기저항이 0이 되는 현상을 말합니다. 그러므로 초전도현상을 설명하기 위해서는 전기저항이 발생하는 이유를 알아야 합니다.

전기저항은 이동하는 전자 자신이 발생시키는 자기장의 방향과 외부 자기장의 방향에 따른 각도 차이 때문에 발생합니다.

즉, 자신이 발생시키는 자기장(a)의 방향과 외부 자기장(b) 방향 사이의 각도가 θ이면 전기저항의 크기는 $\Omega = kab \sin\theta$(a=자신 발생의 자기장의 크기, b=외부 자기장의 크기, k=자기장 저항 상수)입니다. 즉, 자신 발생 자기장의 방향과 외부 자기장의 방향이 평행이면 전기저항은 0이 되며, 그 방향의 경사각이 커짐에 따라 전기저항이 상승합니다(sinθ의 값은 θ=0이면 0이고, θ가 커지면 증가합니다).

그런데 자신 발생 자기장의 방향은 전자 속 '광음소1'의 타원궤도(자체궤도) 회전축의 경사각도와 직각 방향입니다. 그리고 물체의 온도가 낮아질수록 물체 내 전자 속 '광음소1'의 타원궤도(자체궤도) 경사각도는 절대온도 0도일 때의 자체궤도 방향에 점점 가까워집니다.

그러므로 물체가 절대온도 0도에 다가갈수록 물체 내 모든 전자의 자체궤도 방향이 점점 일치(평행)하게 됩니다.

마찬가지로 전자의 공전궤도 역시 물체가 절대온도 0도에 다가갈수록 물체 내 모든 전자의 공전궤도 방향이 점점 일치(평행)하게 됩니다.

이렇게 하여 물체 내 모든 전자의 자체궤도와 공전궤도의 방향이 평행하게 되면 그것과 항상 직각을 이루는 모든 전자의 자기장 방향도 평행하게 됩니다. 그러므로 위에서 $\sin\theta$의 값이 0이 되어서 전기저항의 값(=kab $\sin\theta$)이 0이 됩니다.

3) 자기유도

자기유도는 자기장의 세기(크기)가 변화하면 그 변화량과 동일한 세기(크기)의 자기장이 원래의 자기장과 정반대 방향으로 생성되는 것을 말합니다.

4) 자기부상현상

자기부상현상은 강력한 세기의 자기장 근처에 절대온도 0도에 가까운 초전도체를 가까이 가져가면 그 자기장을 발생시키는 물체(자석)와 초전도체 사이에 일정한 거리가 유지되는 현상을 말합니다.

자기부상이 발생하는 이유는 다음과 같습니다.

위에서 설명한 것처럼 극저온에서 초전도체의 저항은 0에 가까워지고 그 속에 있는 모든 전자의 자기장 방향은 모두 평행하게 됩니다.

이 상태의 초전도체를 강력한 자석 아래에 위치시키면, 처음에는 중력의 영향으로 초전도체가 자유낙하를 하면서 위쪽의 자석과 아래쪽의 초전도체 사이에 거리가 멀어집니다. 그러나 이렇게 되면 자석과 초전도체 사이의 자기력(거리의 제곱에 반비례)이 감소하므로 정반대 방향(당기는 방향)의 유도자기력이 동일한 크기로 발생하여 다시 둘 사이의 거리가 가까워지게 되어 일정한 거리가 유지됩니다.

이번에는 초전도체를 자석의 위에 위치시키면, 처음에는 중력의 영향으로 초전도체가 자유낙하를 하면서 위쪽의 초전도체와 아래쪽의 자석 사이 거리가 가까워집니다. 그러나 이렇게 되면 자석과 초전도체 사이의 자기력(거리의 제곱에 반비례)이 증가하므로 정반대 방향(밀치는 방향)의 유도자기력이 동일한 크기로 발생하여 다시 둘 사이의 거리가 멀어져 일정한 거리가 유지됩니다. 그러므로 위의 설명과 같이 어떠한 상황에서도 초전도체와 자석 사이에는 일정한 거리가 유지되는 자기부상현상을 이론적으로 증명할 수 있습니다.

4. 결론

현대물리학은 전자의 본질에 관한 이해가 부족하기 때문에 여러 가지 문제에 봉착하고 있으며 그로 인해 초전도체가 이미 실용 단계에 와 있는데도 그것을 뒷받침할 물리학적 이론은 아직 미흡하다는 것이 학계의 중론입니다. 저는 그러한 전자의 본질과 관련한 제반 이론을 확립하였으며 그 이론 중에서 초전도현상을 설명할 수 있는 이론만 추려서 이 글에서 소개하고 그것들을 통하여 다음과 같은 방법으로 초전도현상을 설명하였습니다.

먼저 제가 상정한 전자의 본질이 타당함을 증명하였으며 그에 따른 전자의 궤도를 기존 이론보다 추가로 설정하였으며 그것을 활용하여 초전도체현상을 위와 같이 하등의 모순점이 없이 일관되게 설명할 수 있는 이론을 구축하였습니다.

저는 초전도체 물체를 합성하는 실험을 할 수 없는 처지이므로 초전도체 합성을 위한 실험 연구를 하시는 분들에게 현재 개발된 초전도체보다 더 높은 온도에서 기능하는 초전도체를 개발하는 데 도움이 되는 방법을 상기 이론을 바탕으로 하여 다음과 같이 제안합니다.

1) 초전도체에 걸어 주는 자기장을 발생하는 자석의 길이:넓이의 비율을 높

여서 초전도체와 마주하는 자석의 표면에서 분출되는 자기장을 이루는 자기력선들의 방향이 모두 서로가 완전 평행에 가깝게 되도록 합니다(왜냐하면 자석 내 전자들 속의 '광음소1' 회전축은 자석의 무게 중심을 향하기 때문에 무게 중심이 자기장이 나오는 자석의 표면보다 멀수록 발생하는 자기력선들이 서로 평행에 가까워지기 때문입니다).

자기장 발생을 위하여 자석을 사용하는 대신에 코일을 사용하여 전류에 의한 자기장을 발생시키면 모든 자기력선들의 방향을 평행하게 만들 수 있습니다.

2) Fe, Co, Ni와 같은 강자성체 원소는 초전도체 화합물을 구성하는 원소에서 배제해야 합니다(그 이유는 위와 동일한데 자기화 물질 내부 전자 속 '광음소1'의 회전축이 초전도체 무게 중심을 향하기 때문에 자기화 물질 내부의 전자들 자신이 발생시키는 자기장 방향이 평행이 되는 비율이 떨어지기 때문입니다).

3) 온도 저항계수가 높은 원소들로 초전도체 화합물을 구성합니다(왜냐하면 온도 저항계수가 높을수록 좀 더 높은 온도에서 전자의 자체궤도 경사각도가 0에 가깝게 되고 동시에 전기저항이 0에 가깝게 되기 때문입니다).

4) 온도 응축계수가 높은 원소들로 초전도체 화합물을 구성합니다(왜냐하면 온도 응축계수가 높을수록 좀 더 높은 온도에서 전자의 공전궤도 경사각도가 0에 가깝게 되고 동시에 전기저항이 0에 가깝게 되기 때문입니다).
** 현대물리학 이론의 여러 분야(예: 원자구조이론, 대칭이론, 양자수이론, 장이론)에서 현재 봉착하고 있는 문제들의 대부분은 위와 같이 전자의 본질에 대한 이해 부족에서 발생하므로 그 부분에 대한 해결에 관해서는 다른 글에서 다루도록 하겠습니다.

—— 참조 끝 ——

원자는 전자가 원자핵을 3개의 궤도를 그리면서 회전하는 구조를 갖고 있습니다. 이것을 세부적으로 상세하게 설명하면 다음과 같습니다.

전자는 3개의 궤도를 따라 운행하는데 이것을 태양계에 비유하여 설명하면 아래와 같습니다.

① 전자가 원자핵의 주위를 공전합니다(공전궤도).

태양계의 위성(전자)이 태양(원자핵)을 공전하는 것에 해당합니다.

② 전자 속 광음소1이 시계 반대 방향으로 타원궤도를 운행함으로써 광소2⁻인 전자가 됩니다(자체궤도).

이것은 지구의 자전에 해당하지만 정확히 말하면 전자는 자전하는 것이 아니고 그 속의 광음소1이 타원궤도로 공전함으로써 전자 전체를 이루는 것입니다(그 속의 광음소1이 자전하지 않습니다).

이 자체궤도의 반지름은 일정하며 그 회전속도는 유입되는 에너지의 크기에 비례하며 그에 따라 전기장과 자기장의 세기도 비례합니다. 경사각도는 물체의 온도와 외부 자기장에 따라 달라집니다. 전자의 전기장과 자기장은 이 궤도에서 발생하며 자기장의 방향은 항상 경사각도의 직각 방향입니다.

③ 전자가 광소3과 함께 서로를 공전하면서 원자핵을 공전합니다(스핀궤도).

이것은 달이 지구를 공전(정확하게 말하면 달과 지구가 서로를 공전하는 것입니다)하면서 태양을 공전하는 것과 같습니다.

3. 암흑에너지와 암흑물질

우주는 빛(과 소리)을 통한 에너지 교환 시스템입니다.

이러한 시스템은 우주와 같은 거시세계에서뿐만 아니라 원자 내의 미시세계에서도 작동합니다.

현대물리학에서는 오래전부터 암흑에너지와 암흑물질의 존재에 대하여 이론적인 인식을 하고 있었지만 아직까지 그 실체를 규명하지 못하고 있습니다. 그 이유는 암흑에너지와 암흑물질은 빛을 관통시키기 때문에 인간의 현재 기술로는 암흑에너지와 암흑물질을 관찰할 수 없기 때문입니다.

원자의 내부에서 암흑에너지와 암흑물질은 외부의 에너지가 전자로 전환되거나 전자가 각각의 궤도를 이전할 때 그리고 빛의 생성, 빛과 전자 사이의 에너지 교환에서 중요한 역할을 할 뿐만 아니라 보어의 궤도 모형의 문제점 (전자가 원자핵의 주위를 공전한다면 원자핵의 중력에 의하여 원자핵으로 흡수된다는 고전 이론상의 문제)도 해결할 수 있는 궤도 안정의 역할도 수행합니다.

〈파울리의 '전자 오비탈' 궤도 이론의 오류〉

양자물리학은 이 문제를 해결하지 못했기 때문에 이 문제를 우회하여 해결하기 위해 하이젠베르크의 '불확정성 이론'을 원용하고 파울리가 고안한 '전자 오비탈' 궤도이론을 채택하고 있습니다. 그러나 원자의 '선 스펙트럼'에서 보듯이 전자의 궤도는 분명히 관측되는 실체인 반면에 파울리의 '전자 오비탈'은 관측되지 않는 상상 속 허구의 존재입니다. 그리고 보어의 궤도 모형 문제점을 제가 해결하였으므로 파울리의 '전자 오비탈' 궤도이론은 오류임이 증명된 것입니다.

아래에서 암흑에너지와 암흑물질의 실체와 그 메커니즘에 관하여 말씀드리겠습니다.

1) 암흑에너지

현대물리학에서도 아는 것처럼 광소2$^+$(양전자)와 광소2$^-$(전자)는 서로가 입자와 반입자 관계에 있습니다. 현대물리학에서는 이 두 입자가 충돌하면 소멸한다고 주장합니다. 그러나 우주에서 소멸하는 입자는 없습니다. 우리의 과학 수준으로는 아직까지 그것을 관측하지 못하기 때문에 소멸하는 것으로 오해하고 있는 것입니다. 삼체수이론에서는 이 두 입자가 소멸하는 것이 아니라 '완전결합'한다고 주장합니다. '완전결합'한 두 입자는 앞에서 설명한 정수 좌표 우주 공간에서는 존재할 수 없고 비정수 좌표 우주 공간으로 이동하게 됩니다. 편의상 앞으로는 정수 좌표 우주 공간을 '실우주 공간'으로 비정수 좌표 우주 공간을 '허우주 공간'으로 부르도록 하겠습니다.

우주에서 생성된 모든 입자는 '실우주 공간'에서만 존재할 수 있으며 '허우주 공간'에는 입자/반입자의 '완전결합체'만 존재할 수 있습니다. 그러므로 우리는 '허우주 공간'에 위치한 입자/반입자의 '완전결합체'를 관측할 수 없습니다. '허우주 공간'에 위치한 모든 것은 빛을 관통시키기 때문에 우리의 현재 기술로는 관측할 수가 없는 것입니다.

광소2⁺(양전자)와 광소2⁻(전자)의 완전결합체는 두 입자 서로 간의 파형이 완전히 일치하므로(완전 대칭) 진폭이 완전히 상쇄되기 때문에 결합체의 진폭이 0이므로 질량이 없습니다. 아인슈타인의 "질량은 에너지와 같다."라는 $E=mc^2$(E: 에너지, m: 질량, c: 광속)에 따라 상기 두 입자의 완전결합으로 인해 두 입자의 '완전결합체'는 '허우주 공간'으로 사라지고 그 위치의 '실우주 공간'에는 결합 이전에 두 입자가 가졌던 질량의 소멸에 해당하는 에너지만 남게 됩니다(이 에너지의 정체에 대해서는 차후에 설명합니다).

이러한 암흑에너지에 에너지가 유입되면 다시 광소2⁺와 광소2⁻로 분리되어 '실우주 공간'으로 복귀하게 됩니다.

암흑에너지에는 또 다른 한 가지 종류가 더 있는데 음소2와 음소2가 충돌하여 생긴 음소2/음소2의 '완전결합체'입니다. 이것 역시 두 입자 서로 간의 진폭이 완전히 상쇄되기 때문에 결합체의 진폭이 0이 되어 질량이 없으므로 암흑에너지이며 나머지 과정은 위와 동일합니다.

이러한 암흑에너지에 에너지가 유입되면 다시 음소2와 음소2로 분리되어 '실우주 공간'으로 복귀하게 됩니다.

2) 암흑물질

광소2⁺(양전자, 스핀=1/2)와 광소3(스핀=-1/2), 광소2⁻(전자, 스핀=1/2)와 광소3(스핀=-1/2) 그리고 음소2(스핀=1/2)와 광소3(스핀=-1/2), 음소2(스핀=1/2)와 음소3(스핀=-1/2)은 서로가 스핀의 절댓값이 같고 스핀의 부호가 반대인 입자/반입자 관계입니다. 그런데 광소2⁺(양전자, 스핀=1/2)와 광소3(스핀=-1/2), 광소2⁻(전자, 스핀=1/2)와 광소3(스핀=-1/2)은 충돌하더라도 전하(+,-)가 잔존하므로 '완전결합체'가 되지 못해 '허우주 공간'으로 사라지지 않습니다. 그래서 암흑물질이 되지 못하고 서로의 주위를 공전하는 '입자쌍'이 됩니다. 이것이 초전도현상을 설명하는 'BCS이론'에서 주장하는 '쿠퍼쌍'입니다. 그런데 'BCS이론'에서는 이것을 전자 두 개의 쌍이라고 주장하는데 '쿠퍼쌍' 전체의 스핀값이 0인 것이 발견되었으므로 그들의 주장은 오류임이 입증되었습니다(전자의 스핀값은 1/2이므로 두 개 전자쌍의 스핀 합은 1이기 때문입니다).

그래서 '쿠퍼쌍'은 전자(스핀=1/2)와 광소3(스핀=-1/2) 두 개의 입자가 상호 공전하는 '입자쌍'임이 증명되었으며 이로써 전자의 스핀궤도가 또 한 번 증명됩니다.

그러므로 상기에서 암흑물질에 해당하는 것은 음소2(스핀=1/2)와 광소3(스핀=-1/2), 음소2(스핀=1/2)와 음소3(스핀=-1/2)의 '완전결합체'입니다. 그런데 '허우주 공간'으로 사라진 '완전결합체'인 '음소2/광소3 결합체'와 '음소2/음소3 결합체'는 각각의 입자와 반입자의 파형이 완전히 일치하지 않으므로(불완전 대칭) 진폭이 서로 상쇄되지 않기 때문에 결합체의 진폭이 0이 되지 않으므로 질량이 남아 있게 됩니다.

그러므로 '실우주 공간'에는 결합 이전의 입자와 반입자의 질량 합에서 결합 이후의 결합체의 질량을 차감한 만큼의 질량에 해당하는 에너지가 생성되며(이 에너지의 정체에 대해서는 차후에 설명합니다), '허우주 공간'으로 넘어간 '음소2/광소3 결합체'와 음소2/음소3 결합체는 질량을 가집니다. 이들을 암흑물질이라고 부르며 이들은 질량을 가지기 때문에 중력의 영향을 받습니다.

위에서 설명한 암흑에너지와 암흑물질은 우주의 기본입자 5종류(광소2⁺, 광소2⁻, 음소2, 광소3, 음소3)가 생성된 직후에 우주 전역에서 생성되었으며 지금까지 우주 전역에 고르게 분포되어 있고 원자의 내부와 우리의 주위에도 존재하면서 우주 입자들 간의 각종 중요한 반응에 관여함으로써 우주에서 주요한 역할을 담당하고 있습니다.

3) 암흑에너지와 암흑물질의 역할

(1) 암흑에너지의 역할

원자핵을 공전하는 전자와 광소3쌍(상호 공전)의 운동에너지가 감소하면 그 감소한 양만큼의 감마선에너지(나중에 자세히 설명합니다)를 방출하고 전자와 광소3쌍의 원자핵 공전궤도는 반지름이 짧아져서 원자핵에 가까워집니다. 방출된 그 감마선의 에너지는 원자 내부를 포함한 우주 전역에 가득히 분포되어 있는 양전자-전자의 완전결합체인 암흑에너지에 흡수됩니다. 양전자-전자의 완전결합체(암흑에너지)가 에너지를 흡수하면 다시 양전자와 전자로 분리됩니다. 그런데 원자 내부에서는 전자의 활동으로 인해서 항상 자기장이 존재합니다. 자기장이 있는 곳에서는 양전자와 전자는 쉽게 결합하여 다시 암흑에너지 상태가 되고 감마선에너지를 방출합니다. 이 방출된 에너지를 다시 전자와 상호 공전하는 광소3이 흡수하면 그 운동에너지가 다시 상승하게 되어 전자와 광소3의 원자핵 공전궤도의 반지름은 다시 커지면서 이전의 궤도를 회복하게 됩니다. 그래서 전자는 원자핵으로 빠져들지 않고 일정한 반지름의 공전궤도를 계속 유지하는 것입니다.

(2) 암흑물질의 역할

암흑물질에는 '음소2/광소3 결합체'와 음소2/음소3 결합체 외에도 '광소4~n과 음소4~n'에서도 발생하는데 이들의 역할에 대해서는 차후 '빛이란 무엇인가?' 편에서 자세히 설명하겠습니다.

우주 공간에서의 암흑에너지와 암흑물질의 역할에 대하여도 차후 '빛이란 무엇인가?' 편에서 자세히 설명하겠습니다.

〈요약정리〉

① 암흑에너지는 완전 대칭 입자/반입자의 결합체며, 결합 이후 잔존 질량이 0이며, 빛을 통과시키므로 관측할 수 없습니다(대칭에 관하여는 차후에 자세히 설명합니다).

② 암흑물질은 불완전 대칭 입자/반입자의 결합체며, 결합 이후 잔존 질량이 있으며, 빛을 통과시키므로 관측할 수 없습니다.

③ 암흑에너지는 전자가 원자핵으로 흡수된다는 보어의 전자궤도 모형의 문제점을 해결하는 역할을 합니다.

④ 암흑물질은 원자 내에서 무한대 종류의 빛을 생성하는 역할을 합니다(차후에 자세히 설명합니다).

⑤ 우주 공간에서의 암흑에너지와 암흑물질의 역할에 대해서도 차후에 자세히 설명하겠습니다.

제3편

빛이란 무엇인가?

고대부터 물리학자들은 빛에 대해 관심이 많았습니다. 뉴턴과 아인슈타인도 동시대의 다른 물리학자들보다 빛에 관한 연구를 더 깊이 하였으며 상대성 이론은 빛에 관한 물리이론이라고 할 수 있습니다.

오늘날의 양자물리학자들도 빛에 관한 연구가 물리학의 핵심이라고 하는 데는 이견이 없습니다. 그러나 양자물리학은 빛의 본질에 관하여도 전자의 본질에 관한 것과 마찬가지로 그 이해가 부족합니다.

아인슈타인은 '빛은 광량자(Light Quanta)들의 집합'이라고 정의함으로써 빛이 여러 종류의 '빛 알갱이'들의 집합이라고 주장하였습니다. 그리고 이러한 그의 정의는 빛의 본질을 정확하게 파악한 것입니다.

그러나 오늘날의 양자물리학은 빛을 광자(Photon)라는 단일 종류의 입자라고 정의함으로써 빛의 본질에 관한 이해에서 아인슈타인의 정확한 이해에 비해 퇴보하는 오류를 범하고 있으며 그 결과 물리학이론의 발전도 아인슈타인 이래 현재까지 더 이상의 진전을 하지 못하고 있습니다.

1. 빛의 정의

아인슈타인은 '빛은 광량자(Light Quanta)들의 집합'이라고까지는 정의하였지만 광량자에 대한 구체적 정의를 도출하는 데는 실패하였습니다.

필자는 빛은 '자유광소(Light Element)들의 집합체'라고 정의합니다.

'자유'광소라고 표현한 것은 원자를 탈출한 전자를 '자유'전자라고 하듯이 물체를 탈출한 광소라는 의미입니다.

2. 광소4~n

이미 앞에서 우주의 기본 요소(입자) 5개(광소2$^+$, 광소2$^-$, 음소2, 광소3, 음소3)를 소개하면서 광소의 개념을 설명하였습니다. 그런데 광소4 이후 광소n(n은 무한대까지)에 대하여는 설명을 하지 않고 보류하였습니다.

이제 그 부분을 설명하겠으며 그것은 바로 빛에 관한 설명입니다.

정사면체인 광소3의 옆 변에 광소2$^+$와 광소2$^-$가 한 개씩 붙으면 아랫면이 정4각형인 4각뿔이 되고 이것이 광소4이며 여기에 광소2$^+$와 광소2$^-$가 한 개씩 붙으면 아랫면이 정5각형인 5각뿔이 되는데 이것이 광소5입니다.

이와 같이 광소3에 광소2$^+$와 광소2$^-$가 한 개씩 붙으면 아랫면이 정n각형인 n각뿔이 되는데 이것이 광소n이며 n이 무한대가 되면 원뿔이 될 것입니다. 광소4~n이 물체 내부에 있을 때는 광소4~n이라고 부르고 물체를 탈출하면

'자유광소4~n'이라고 부르는데 이것이 바로 '빛'입니다.

지금쯤 눈치를 챈 분도 계시겠지만 음소4~n이 물체 내부에 있을 때는 음소4~n이라고 부르고 물체를 탈출하면 자유음소4~n이라고 부르는데 이것이 바로 '소리'입니다. 소리에 대하여는 나중에 설명하겠습니다.

3. 암흑물질

앞에서는 암흑물질로 '음소2/광소3 결합체'와 '음소2/음소3 결합체'만 소개하였습니다.

그리고 빅뱅 직후 우주의 기본 요소가 생성된 후에 우주 전체 공간에 암흑에너지인 '광소2$^+$/광소2$^-$ 결합체', '음소2/음소2 결합체'와 암흑물질인 '음소2/광소3 결합체', '음소2/음소3 결합체'가 생성되었다고 말씀드렸습니다. 그런데 여기에 더하여 '광소4~n/광소4~n 결합체'와 '음소4~n/음소4~n 결합체'인 암흑물질이 추가로 생성되어 우주 공간 전체에 배치되었으며 현재까지도 마찬가지로 배치되어 그 기능을 하고 있습니다.

그리고 암흑에너지와 암흑물질이 배치된 공간은 정수 좌표 삼차원 공간('실우주 공간')이 아니라 비정수 좌표 삼차원 공간('허우주 공간')이며, 그 공간은 빛을 관통시키기 때문에 그 공간에 위치한 모든 물질은 관측할 수 없다는 점도 설명을 드렸습니다.

상기의 '광소4~n/광소4~n 결합체'와 '음소4~n/음소4~n 결합체'의 결합 방법은 아래와 같습니다.

아래와 같이 삼체수이론 표2에서 보면,

표2

1		2	3	4	5	6	7
스핀	(0)	(1/2)	(-1/2)	(1/2)	(2/2)	(-2/2)	(-1/2)
		증	감	증증	증감	감증	감감
파장 그룹	1	2	2	4	4	4	4

8	9	10	11	12	13	14	15
(1/2)	(2/2)	(3/2)	(4/2)	(-4/2)	(-3/2)	(-2/2)	(-1/2)
증증증	증증감	증감증	증감감	감증증	감증감	감감증	감감감
8	8	8	8	8	8	8	8

파장 그룹의 숫자는 그 그룹의 대표 파장을 말하며 해당 그룹 숫자(입자)의 개별 파장은 각각의 숫자가 그 파장에 해당하지만 그 숫자(입자)는 자기의 짝(스핀의 절댓값이 같고 부호가 다른 상대 입자, 즉 숫자)과 함께 상호 공전하면서 움직이므로 그 파장이 평균화되어 동일한 파장의 그룹이 형성됩니다. 동일 파장 그룹에 속하는 숫자(입자)의 개수는 그 그룹의 첫 번째 숫자의 수와 동일하며 그 수는 2^n으로 증가합니다.

동일한 파장의 크기를 가진 광소n 그룹에 속하는 광소n의 스핀을 계산하려면,

- 광소n그룹의 맨 처음 광소n의 스핀은 1/2입니다.
- 그 후 n이 1증가할 때마다 1/2씩 증가합니다.
- 상기의 증가는 n+(공통파장의 크기)/2-1까지만 계속됩니다.
- n+(공통파장의 크기)/2에서는 직전과 스핀의 절댓값이 같고 부호는 -입니다.
- n+(공통파장의 크기)/2+1 이후는 절댓값이 1/2씩 감소되고 부호는 -입

니다.

- 상기의 방법으로 광소n그룹의 마지막 광소까지 스핀을 계산하고 나면 광소n그룹의 스핀은 그 그룹의 시작 광소의 스핀은 1/2이고 마지막 광소의 스핀은 -1/2이 되며 그 그룹의 (공통파장의 크기)/2의 개수의 광소끼리 양분되어 양쪽 광소들 스핀의 절댓값이 거울과 같은 대칭의 모습이 되어 좌우 대칭의 짝끼리는 그 절댓값이 서로 같고 부호는 반대인 모습이 됩니다.

위와 같은 방법으로 광소n그룹(동일한 파장을 갖고 있는 광소그룹) 광소들의 스핀을 계산한 후에, 그 그룹 내에서 스핀의 절댓값이 같고 부호가 다른 광소끼리는 서로가 짝이 되어 행동하는 입자-반입자 관계를 유지합니다. 이러한 입자와 반입자가 빅뱅 직후에 서로 충돌하여 '입자/반입자 결합체'인 암흑물질이 되어 우주 전체에 현재까지 분포되어 있으며 이러한 암흑물질은 다음과 같이 빛의 생성에서 중요한 역할을 담당합니다.

4. 암흑에너지와 암흑물질의 역할

위에서 암흑에너지인 '광소2$^+$/광소2$^-$ 결합체'가 보어의 전자궤도 모형의 문제점("전자가 궤도 운동을 하면 에너지를 상실하면서 원자핵으로 흡수된다."라는 고전 이론 측면에서의 이의 제기에 대하여 보어나 양자물리학은 답을 못 합니다)을 해결하는 기능을 할 수 있음을 보여 드렸습니다.

그리고 전자의 3가지 궤도를 설명하면서 전자는 홀로 다니는 것이 아니라(전자뿐만 아니라 모든 입자도 그렇습니다) 짝(반입자)인 광소3과 서로 공전하면서 원자핵을 공전한다는 스핀궤도에 관하여도 말씀 드렸습니다(지구와 달이 서로 공전하면서 태양을 공전하는 것과 유사합니다).

그리고 '최외각 전자 허용 수'의 계산 방법을 설명하였는데, 이 방법은 우주의 기본 원칙('1구 1점의 원칙'과 'R²의 원칙')만 적용한 단순하고 간단한 방법입니다. 반면에 양자물리학의 '전자 오비탈'이론은 단지 4개의 숫자를 증명하기 위해 4가지 이론과 양자수를 추가로 제정하여 억지로 숫자를 꿰어 맞춘 이론에 불과하며 파울리가 제정한 '스핀 자기 양자수'의 개념은 전자의 본질을 오판한 파울리의 오류임을 지적하였습니다. 파울리의 이론이 전혀 필요 없이 4개의 숫자가 설명되기 때문이며 앞에서 이미 설명을 드린 것처럼 그 부분(스핀 자기 양자수)은 스핀의 문제가 아니라 원자핵에 대한 전자궤도의 상대적 위치 문제입니다. 파울리는 스핀이 -1/2인 전자를 언급하였으나, 모든 전자는 스핀이 1/2이며 스핀이 -1/2인 전자는 없습니다. 파울리는 원자핵의 아래쪽 궤도를 운행하는 전자의 스핀이 -1/2이라고 착각한 것입니다. 또한, 파울리는 여기에서 전자가 자전한다는 오류도 범하였는데 전자는 자전하지 않습니다.

전자의 스핀은 그 부분이 아니라 다음과 같이 빛의 생성과 관련이 있으며 전자(스핀 1/2)는 자신의 반입자인 광소3(스핀-1/2)과 짝을 이루어 상호 공전하면서 빛을 생성하는 역할을 하는데 이것이 전자의 '스핀궤도'입니다.

빛이 생성되는 구체적인 과정은 다음과 같습니다.

앞에서 설명을 드린 것처럼 전자의 궤도는 전자의 파장 크기에 따라 나눠지는데 '양자화(=정수화)'된 전자의 파장 크기는 1,2,3…으로 구분할 수 있으므로 전자의 궤도도 전자의 파장 크기별로 궤도1,2,3…으로 구분할 수 있습니다.

이미 설명을 드렸듯이 궤도n의 전자의 허용 수는 $2n^2$씩 두 가지(원자핵을 중심으로 상과 하의 궤도를 공전하는 두 가지 궤도를 공전하는 전자)입니다. 그 각각의 궤도를 운행하는 전자의 옆에는 그 전자의 짝(반입자)이 되는 광소3이 그 전자와 상호 공전합니다.

외부의 열에너지가 유입되면 그 에너지는 제일 낮은 번호의 궤도(파장이 짧은 전자 궤도)에 있는 전자-광소3 짝부터 시작하여 점점 더 높은 번호의 궤도에 있는 전자-광소3 짝에게 전달됩니다. 그 전자-광소3 짝에게 전달된 에너지가 위에서 설명을 드린 암흑물질에 전달되는 과정은 다음과 같습니다.

전자 궤도n에 속해 있는 모든 전자의 파장 크기는 λ_n이며,

그 위치에너지(E)는 아래와 같습니다.

$$E = \sum_{1}^{n} h\, f_n$$

(h: 플랑크 상수, c: 광속 $f_n = c/\lambda_n$)

‖ 2^n의 원칙

전자 궤도n에 속해 있는 광소N그룹의 대표파장은 $l + m2^n$입니다.
l: 최소파장, m: 한계파장(파장과 파장 사이의 최소 간격)

그리고 광소N그룹의 광소의 수도 2^n입니다.
그리고 궤도n에 속한 각각의 모든 전자에는 한 개의 광소N그룹이 배정되어 연결되며 한 개의 광소N그룹에는 2^n개의 광소가 있습니다.

각각의 광소는 서로 다른 파장을 갖고 있지만 모든 광소가 자신의 짝 광소(반입자 광소)와 상호 공전하면서 움직이므로 광소N 룹 내 모든 광소 짝들의 파장은 평균화가 되어 입자/반입자의 광소 짝 평균파장은 모두가 동일하게 되어

동일파장(광소 짝의 평균파장이 동일합니다)의 광소N그룹을 형성합니다. 그래서 광소N그룹에는 대표파장 2^n인 2^{n-1}개의 입자/반입자 광소 짝이 있습니다.

그러므로 전자:광소는 **1대1 대응 관계가 아니라 1대 2^n입니다**(이 부분을 양자물리학계는 모르고 있습니다. 그래서 한 개의 빛 입자가 한 개의 전자를 때려서 전자를 물체 밖으로 튕겨 나가게 한다고 광전 효과를 설명합니다. 그리고 이로부터 다른 많은 오류가 발생합니다. 이와 관련한 내용은 차후에 설명합니다).

예를 들어, 전자궤도 n을 n=1에서 시작하여 다음과 같이 설명해 보겠습니다.

궤도1에는 해당하는 암흑물질 '입자/반입자 결합체'가 없습니다.

궤도2에는 각각의 전자-광소3 짝에 2^2개의 광소가 연결되어 있는데 그 광소들은 광소4(1/2), 광소5(2/2), 광소6(-2/2), 광소7(-1/2)입니다(괄호 안은 스핀). 그리고 광소4/광소7과 광소5/광소6은 서로가 반입자 관계(스핀의 절댓값이 같고 부호가 반대)이므로 결합체가 되어 암흑물질이 됩니다.

궤도3에는 각각의 전자-광소3 짝에 2^3개의 광소가 연결되어 있는데 그 광소들은 광소8(1/2), 광소9(2/2), 광소10(3/2), 광소11(4/2), 광소12(-4/2), 광소13(-3/2), 광소14(-2/2), 광소15(-1/2)입니다(괄호 안은 스핀). 그리고 광소8/광소15, 광소9/광소14, 광소10/광소13, 광소11/광소12는 서로가 반입자 관계(스핀의 절댓값이 같고 부호가 반대)이므로 결합체가 되어 암흑물질이 됩니다.

이러한 방식으로 궤도 무한대까지 암흑물질이 생성됩니다.
위에서 언급한 전자-광소3 짝에게 전달된 외부의 열에너지는 낮은 번호의 전자궤도부터 시작하여 각각의 궤도에 속한 암흑물질에게 전달되어 배분됩니다. 에너지를 유입 받은 암흑물질(광소N입자/반입자 결합체)는 광소N입자와 반입자로 분리되어 '실우주 공간'으로 회복합니다. 그런데 원자 내부는 전자의 운동으로 인한 자기장이 항상 형성되어 있으므로 분리된 광소N입자와 반입자는 즉각적으로 다시 '광소N입자/반입자 결합체'인 암흑물질이 되어 다시 '허우주 공간'으로 돌아가면서 에너지를 배출하고 그 배출된 에너지를 다시 암흑물질이 유입하는 순환이 반복되는 방법으로 외부에서 유입된 열에너지는 전자-광소3 짝을 거쳐서 각각의 전자궤도에 있는 모든 광소N입자/반입자들에게 순차적으로(낮은 번호 전자궤도부터) 배분됩니다.

그런데 외부에서 유입된 빛에너지는 위와 같이 낮은 번호 전자궤도부터 순차적으로 배분되는 것이 아니라 그 빛에너지(나중에 설명하는 자유광소를 말합니다)의 파장과 같은 크기의 광소N그룹의 입자/반입자에게만 배분 됩니다.

이어서 다음 5. 흑체복사와 같은 조건이 발생하면 광소N입자/반입자들은 물체를 탈출하여 '자유'광소N입자와 반입자가 되어 서로가 짝을 이루고 상호 공전하면서 우주 공간을 삼차원 방향으로 확산하면서 전진합니다. 이것이 '빛'입니다.

〈요약정리〉

① 전자궤도 번호 n의 최대 허용 전자 수는 2^n2개×2개(두 종류)입니다.

② 각각의 궤도마다 전자-광소3쌍이 상호 공전하며 이 쌍들의 각각에 2^n개의 광소가 연결됩니다. 이 연결을 위한 매개자가 암흑물질이며 물체의 외부에서 유입된 에너지는 이 암흑물질을 통하여 광소가 되어 전자-광소3쌍에 연결되었다가 특정 조건이 발생하면 빛이 되어 물체를 탈출합니다. 즉, 물체를 탈출한 자유광소가 빛입니다.

5. 흑체복사

양자이론은 빛에 관한 연구에서 출발하였습니다. 그리고 그 시작은 플랑크
(Max Planck)의 '흑체복사(Black Body Radiation)'에 관한 연구로부터 비롯되었습니다.

'흑체복사'에서의 '흑체'는 여러 가지로 설명할 수 있겠지만 앞으로 자세히
말씀드리는 바와 같이 모든 물질은 빛을 흡수하기도 하고 방출하기도 하므
로 '모든 물질은 흑체'라고 해도 틀리지 않을 것입니다. 그러한 흑체에서 빛
이 방출되는 것을 '흑체복사'라고 합니다. '흑체복사'에 관한 연구가 주목을
받게 된 것은 플랑크가 1900년에 흑체복사에 관한 '플랑크의 법칙'을 발표
하면서부터입니다.

1) 플랑크의 법칙

실험용으로 쓰이는 흑체는 내부가 검은 상자에 공동(Cavity)을 만들고 작은
구멍을 뚫은 것인데 흑체의 온도 변화에 따라 방출되는 빛의 파장(X축)과 세
기(밀도, Y축)의 분포도를 아래 그림에서 보여 줍니다.

플랑크 이전 물리학자들의 고전이론에 의하면 자료2의 오른쪽 그래프와 같
이 빛의 파장이 0에 가까워지면 빛의 세기가 무한대로 되어 버리는 문제가
발생합니다. 왼쪽 3개의 온도(3000K, 4000K, 5000K)별 그래프는 실험에 의해
실제로 관찰된 분포도입니다. 그래서 그 당시의 물리학자들은 이 그래프를
설명할 수 있는 이론을 정립하기 위해 골몰하였습니다.

플랑크가 이 그래프를 설명하기 위하여 창안한 물리 공식이 그 유명한
$E=h\nu$(E: 에너지, h:플랑크 상수, ν:진동수)입니다.

플랑크는 상기 공식을 활용하여 자료2 그래프를 설명하는 함수를 도출하였
습니다.

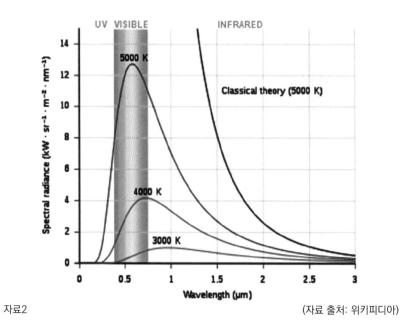

자료2 (자료 출처: 위키피디아)

이 그림에서 살펴볼 점은 상기 3개 온도별 그래프의 형태가 정규분포곡선에서 왼쪽으로 치우쳐져 있다는 것과 온도가 높아질수록 그래프의 최고점이 점점 더 왼쪽으로 옮겨 간다는 사실입니다.

플랑크가 창안한 공식에 따른 함수는 이 점을 잘 나타낼 수 있었습니다.

플랑크는 여기에 만족하지 않고 그 공식이 내포하는 물리적 의미와 빛의 운동 메커니즘을 밝혀내고자 노력하였습니다. 그래서 그는 아인슈타인이 특수상대성이론을 설명하기 위해 고안한 '광양자(Light Quanta)' 가설을 도입하여 설명하였으며 이것은 양자이론의 등장을 촉발하는 계기가 되었습니다. 이때 플랑크가 도입한 가설의 핵심은 빛이 연속성을 갖지 않고 개별적 입자로 불연속적으로 진행한다는 것, 즉 빛이 양자화(Quantization)되어 있다는 것입니다. 이것은 그 당시에 유행하던 파동이론과는 배치되므로 반대하는 사람이 적지 않았음에도 불구하고 대다수 학자의 지지를 받았으며 이 업적으로 그는 1918년에 노벨상을 수상하였습니다.

그러나 그가 창안한 획기적인 공식 E=hν의 탁월함에도 불구하고 그는 '흑체복사'에 있어서의 빛과 전자의 본질과 관련한 그 메커니즘을 완벽하게 규명하지는 못하였으며 한때 그가 지지하였던 아인슈타인과도 이 점과 관련하여 의견의 차이를 보였고 그 두 사람은 끝까지 합의에 이르지 못하였습니다. 그 이후 빛의 본질에 관한 논의는 대립하는 두 이론(상대성이론과 양자이론)으로 갈라지게 되어 현재에 이르렀고 아직까지 어느 편도 상대방을 설득하지 못하고 있습니다.

필자는 아래와 같이 흑체복사의 메커니즘을 설명하겠습니다.
흑체복사는 물체(흑체) 주위의 온도가 물체 내부의 온도보다 낮을 경우에 물체의 내부에서 외부로 빛이 탈출하는 현상입니다(외부의 온도가 더 높으면 위에서 설명한 외부의 열에너지 유입 과정이 진행됩니다).

어느 특정 시점에 물체의 내부 온도가 물체 표면의 외부 온도보다 높으면 물체의 내부로부터 빛이 물체의 외부로 방출됨으로써 물체의 온도를 낮추어 외부 온도와 동일하게 하려고 합니다(열역학 제2법칙).
그렇게 하려면 가장 효율적인 방법은 무엇일까요?
최선의 방법은 한계위치에너지(=n궤도 위치에너지-(n-1)궤도 위치에너지)가 높은 (파장이 짧은) 광소들을 최대한 많이 방출하는 것입니다. 그러나 위에서 설명한 것처럼 광소의 개수(N)는 전자의 파장(n)에 대하여 $N=2^n$이기 때문에 n이 1에 가까워지면 급속하게 줄어듭니다. 그러므로 물체의 온도가 높아질수록 더 빨리 온도를 낮추기 위해 더욱 한계위치에너지가 높은(파장이 짧은) 광소들을 많이 방출해야 하지만 그 파장이 1에 가까워질수록 급격히 그 광소의 개수가 줄어들게 되어 앞의 그래프 곡선 모양처럼 물체의 온도가 높아질수록 그래프의 Y축(빛의 세기=밀도)의 최고점이 점점 X축의 왼쪽(파장이 짧은 쪽)으로 향해가며 그 Y축 최고점의 X좌표에서 왼쪽으로 가면서 곡선의 기울기는 점점 가파르게 하강하면서(지수적으로 하강) 결국에는 0에 이르게 됩니다.

그리고 물체 내부의 온도가 높아지면 전자가 원자핵을 공전하는 궤도의 경사각도가 점점 높아지며 동일한 원자 내의 모든 전자들의 경사각도는 동일합니다. 동일한 원자 내의 전자-광소3 짝의 공전궤도에 연결된 광소그룹에서 생성되어 물체를 동일 시점에 탈출한 모든 '자유광소'의 입자-반입자 집단은 상기의 공전궤도 경사각도의 90도로 물체를 탈출하여 동일한 방향으로 동일 집단을 유지하면서 전진합니다. 그러므로 물체를 탈출한 당시 물체의 온도에 따른 파장별 광소의 개수의 구성 비율을 그대로 유지합니다. 그렇기 때문에 이러한 빛의 성질을 이용하여 먼 거리의 별의 표면 온도와 별의 원소 구성 성분을 알 수 있습니다.

이를 통하여 우리는 흑체복사의 메커니즘을 알았으며 전자-광소3 스핀궤도의 역할로 인해 빛이 생성된다는 것과 전자가 원자핵을 공전하는 궤도의 경사각도는 물체의 온도 상승과 함께 상승하며 동일 원자 내 모든 전자의 경사각도는 동일하다는 것도 알게 되었습니다(이러한 사실은 초전도현상을 설명하는 데 있어서도 중요한 역할을 합니다).

〈요약정리〉

① 어느 특정 시점에 물체의 내부 온도가 물체 표면의 외부 온도보다 높으면 물체의 내부로부터 빛이 물체의 외부로 방출됨으로써 물체의 온도를 낮추어서 외부 온도와 동일하게 하려고 합니다(열역학 제2법칙). 흑체복사는 물체(흑체) 주위의 온도가 물체 내부의 온도보다 낮을 경우에 물체의 내부에서 외부로 빛이 탈출하는 현상입니다.

② 물체의 내부 온도가 높아지면 전자가 원자핵을 공전하는 궤도의 경사각도가 점점 높아지며 동일한 원자 내 모든 전자들의 경사각도는 동일합니다. 동일한 원자 내 전자-광소3 짝의 공전궤도에 연결된 광소그룹에서 생성되어 물체를 동일 시점에 탈출한 모든 '자유광소'의 입자-반입자 집단은 상기의 공전궤도 경사각도의 90도로 물체를 탈출하여 동일한 방향으로 동일 집단을 유지하면서 전진합니다. 그러므로 물체를 탈출한 당시의 물체 온도

에 따른 파장별 광소의 개수 구성 비율을 그대로 유지합니다. 그렇기 때문에 이러한 빛의 성질을 이용하여 먼 거리의 별 표면 온도와 별의 원소 구성 성분을 알 수 있습니다.

6. 광전효과

아인슈타인은 1921년에 광전효과를 통하여 빛의 입자성을 증명해 노벨상을 수상하였습니다. 그의 논리는 일정 진동수 이상의 에너지를 가진 빛의 입자가 금속 내부의 전자 입자에 충돌하면 금속 내부의 전자 입자가 금속 밖으로 튕겨져 나온다는 것으로 실험에 의하여 이것을 확증시켰으므로 그의 주장은 받아들여졌으며 동시에 빛의 입자성도 증명된 것으로 현대물리학계도 받아들이고 있습니다.

그러나 필자는 상기 논리를 다음과 같은 이유로 반박합니다.

첫째, 빛의 입자는 전자의 입자와 1:1 대응 관계가 아니므로(1:2^n 대응입니다) 빛 입자 한 개가 전자 입자 한 개에 충돌하여 전자에게 의미 있는 영향력을 가할 수 없습니다.

둘째, 원자 내에서 전자 한 개의 부피가 차지하는 점유율로 보면(운동장에서 콩알 한 개가 차지하는 수준) 전자보다 훨씬 작은 빛의 입자가 전자의 입자와 충돌할 확률은 극히 낮으며 더군다나 입사되는 모든 빛 입자가 금속 내 해당 진동수의 전자와 충돌해서 그것들 모두를 금속 밖으로 튕겨 낼 확률은 0이라고 봐야 합니다.

그러므로 광전효과는 빛 입자와 전자 입자의 충돌의 결과가 아닙니다.

그래서 필자는 광전효과의 과정을 다음과 같이 설명합니다.

1) 특정 진동수의 빛(자유광소)에너지($E=hf$, h: 플랑크 상수 f: 진동수)가 금속 내부의 동일한 진동수의 암흑물질에 전달되고, 이 에너지는 다시 동일 진동수의 광

소N그룹의 광소 짝들에게 전달되고, 이 에너지는 다시 동일 궤도에 있는 전자-광소3 짝에게 전달됩니다.

2) 상기의 에너지를 전달받은 전자-광소3 짝은 보다 높은 번호의 에너지 궤도로 이전하든지(이렇게 되면 인광 또는 형광을 발생시킵니다) 아니면 보다 낮은 번호의 에너지 궤도로 이전하든지(이렇게 되면 입사한 빛과 파장이 거의 동일하거나 약간 긴 파장의 빛이 물체의 표면에서 반사하고 이것이 콤프턴산란입니다) 또 아니면 전자가 물체의 밖으로 탈출하게 되는데 이때 전자가 물체의 밖으로 탈출하기 위해서 필요한 위치에너지 준위를 '문턱에너지'라고 합니다.

그러므로 이 문턱에너지 준위에 도달하지 못하는 진동수(긴 파장)의 빛은 그 세기(빛의 개수)가 커도 전자를 탈출시키지 못합니다. 이것이 광전효과의 진행과정입니다.

위 설명에서 알 수 있듯이 광전효과의 과정에서 빛 입자가 직접 전자 입자에 충돌하는 것이 아니라 빛의 파동에너지가 암흑물질과 광소N그룹의 광소 짝을 통하여 연결된 전자-광소3 짝에게로 전달되는 과정을 통하여 전자가 물체를 탈출하게 되는 것이므로 광전효과는 빛의 입자성을 증명하는 증거가 될 수 없습니다.

〈요약정리〉

① 광전효과는 금속에 일정 이상의 진동수를 가진 빛을 쬐면 그 금속에서 전자가 탈출하는 현상인데 이것을 실험으로 입증해 빛의 입자성을 증명하였다는 공로로 아인슈타인은 1921년에 노벨상을 수상하였습니다.

② 그러나 광전효과의 과정에서 빛 입자가 직접 전자 입자에 충돌하는 것이 아니라 빛의 파동에너지가 암흑물질과 광소N그룹의 광소 짝을 통하여 연결된 전자-광소3 짝에게로 전달되는 과정을 통하여 전자가 물체를 탈출하게 되는 것이므로 광전효과는 빛의 입자성을 증명하는 증거가 될 수 없습니다.

7. 파동과 입자

모든 파동은 태초 빅뱅의 시작 원점인 '광음소1'의 움직임으로부터 시작 되었습니다. 그리고 이어서 물질의 기본 5요소(입자)인 '광음소2$^+$, 광음소2$^-$, 음소2, 광소3, 음소3'이 생성되고 그것들의 조합으로 다른 모든 물질이 생성되었습니다. 빅뱅의 원점인 '광음소1'이 움직여서 파동을 낳고, 그 파동은 에너지를 낳고, 그 에너지는 물질을 낳고, 그 물질에서 다시 파동이 잉태되는 과정을 반복함으로써 우주가 성장하는 것입니다.

입자의 움직임(모멘텀)은 광음소1의 진폭을 변경시키며 광음소1의 진폭은 파동으로 표출됩니다. 우주 3차원 공간의 모든 정수 좌표점 P(x,y,z)에는 빅뱅의 이전부터 광음소1의 중력장이 형성되어 있으며 이것이 모든 힘을 중개합니다. 입자의 모멘텀이 발생(또는 변동)하는 순간에 그 힘은 광속으로 전달되어 r거리의 3차원 공간상의 모든 r^{2}개의 광음소1에게 전달되며 동시에 그 힘은 파동으로 표출되어 진행합니다. 그리고 입자는 그 파동이 형성한 길을 따라 진행합니다. 그러므로 파동은 입자의 길잡이 역할을 하며 입자는 파동이 형성한 길 중에서 한 가지를 선택하여 진행하는데 이 선택의 방법은 무작위(Random)이므로 확률 분포에 의한 선택이 됩니다.

그러므로 입자는 자신이 생성한 파동의 길을 따라가고 있는 동안에는 파동의 성질을 가지며 파동은 파동의 원점에서 반지름 r의 동심구 표면 전체 좌표점에 동시에 존재합니다. 그리고 다른 입자와 충돌하는 순간에는 입자의 성질을 가지며 입자는 3차원 공간의 특정 좌표점 한 곳에서만 존재할 수 있습니다. 그러므로 모든 입자는 파동의 성질과 입자의 성질을 번갈아서 가지며 동시에 양쪽의 성질을 갖지는 못합니다. 즉, 입자는 다른 입자와 충돌하는 순간을 제외한 모든 시점에 파동의 성질을 가집니다.

파동은 그 생성 원점으로부터 동심구 형태로 확산하면서 전진합니다.

파동이 형성한 1개의 동심구 표면에 대한 정수 좌표점 P(x,y,z)는 한 개밖에 없습니다('1구 1점의 원칙'). 그러나 (x,y,z)의 순서를 바꾼 정수 좌표점 P(x,y,z)는 1사분면에 6개(3!=6){(x,y,z),(x,z,y),(y,x,z),(y,z,x),(z,x,y),(z,y,x)}가 됩니다. 입자는 그 6개의 위치 중에서 임의의 좌표점에 위치할 수 있습니다. 이것은 입자가 실제로 그 6개의 모든 좌표점에 동시에 위치한다는 것이 아닙니다. 단지 그 6개 각각의 모든 점에 위치할 가능성(확률)이 있다는 것입니다. 즉, 파동일 때(다른 입자와 충돌하는 순간을 제외한 모든 시점)는 모든 좌표점에 동시에 존재하지만 다른 입자와 충돌하는 순간에는 특정한 한 개의 위치에만 존재합니다. 이것이 입자의 중첩(Superposition)입니다. 즉, 동시에 여러 위치에 존재하는 것은 파동이며 입자는 자신의 파동이 위치하는 각각의 공간 좌표점에 위치할 수 있는 확률만을 가지는 것입니다.

빛의 편광현상은 이러한 이유 때문에 발생하며 위와 같은 이유로 편광들 간의 경사각도 차이는 90/6=15도입니다(양자물리학은 이것을 모릅니다).

그리고 모든 입자는 자신의 짝(반입자)과 함께 상호 공전하면서 진행합니다.

그러므로 그 짝이 되는 반입자는 반드시 입자와 거울 대칭이 되는 위치를 차지하면서 입자와 함께 상호 공전하면서 진행합니다.

그러므로 편광현상을 이용하여 빛의 입자를 분리시켜서 반입자를 획득하고 있는 양자물리학은 오류를 범하고 있는 것입니다. 편광으로 분리해서 취득한 입자가 반입자인 확률은 1/6밖에 안 되기 때문입니다.

위의 설명과 같이 파동은 동시에 여러 위치를 차지할 수 있지만 입자는 그 위치를 차지할 가능성(확률)만 가지고 있으며 실제로는 동시에 한 곳의 위치만 차지할 수 있습니다(나중에 '이중-슬릿 실험'에서 자세히 설명합니다).

파동의 주요 요소 2개는 파장과 진폭입니다. 위치에너지는 파장의 함수(파장의 크기에 반비례)이고 운동에너지는 진폭의 함수(진폭의 크기에 비례)입니다.

그런데, '결이 맞은' 두 개의 파동이 결합하면 그 두 개의 파동이 한 개의 파동으로 되면서 진폭이 이전 두 개의 진폭 합이 됩니다.

상기에서 '결맞음(Coherence)'이라는 것은 진행 방향과 파장이 동일한 두 개의 파동 상태를 말합니다.

그러므로 진폭의 크기는 '기본파동'의 개수와 동일합니다.

그리고 '기본파동'은 동일한 위치(위치에너지)의 파동 중에서 진폭이 1(가장 작은 크기의 진폭)인 파동으로 정의할 수 있습니다.

그러므로 운동에너지는 해당 위치에너지의 기본파동 개수와 동일하며 운동에너지는 에너지가 아니라 파동의 개수이므로 '운동높이(=파동수)'라고 표현하는 것이 적당하겠습니다.

즉, 파동의 운동에너지(운동높이=파동수)는 $E=n$[n: 기본진폭(1)의 정수배]입니다.

그러므로 파동의 총에너지=위치에너지×운동에너지(운동높이=파동수)입니다.

즉, $E=h\nu$(E: 에너지, h: 플랑크 상수, ν: 진동수)×n입니다.

그런데 거시세계를 다루는 뉴턴의 역학에서는,

물체의 총 에너지=위치에너지(기저에너지)+운동에너지 입니다.

양자물리학에서는 파동의 경우도 마찬가지일 것이라고 생각하고 뉴턴의 역학을 차용하여 슈뢰딩거의 파동함수를 이용해

'파동의 총 에너지=위치에너지(기저에너지)+운동에너지' 형태의 함수를 도출하였습니다.

그러나 앞에서 설명한 것처럼 파동은 특정한 위치를 차지하지 않으므로 특정한 위치에서의 운동에너지를 산출하는 슈뢰딩거 함수의 기본 가정 자체가 오류이며 불연속인 양자의 세계를 연속인 파동함수로 표현하는 것 자체도 오류이며 미시세계의 입자를 다루면서 1/무한대=0을 기본 가정으로 하는 뉴턴의 미적분을 사용하는 것도 오류입니다.

항상 입자의 상태인 거시세계 물체의 역학에 적용되는 뉴턴의 역학 방정식

을 대부분의 시점에서 파동의 상태이며 다른 입자와 충돌하는 순간에만 입자의 상태인 미시세계 입자(양자)의 역학에 적용하는 것 자체가 양자물리학의 오류인 것입니다.

더 우스운 것은 위와 같은 오류 때문에 당연히 그들의 함수에서 발생할 수밖에 없는 오류를 임시방편으로 꾸며 낸 '양자수'들을 사용하여 오류가 아닌 것처럼 억지로 합리화해 놓고 외관 형태가 뉴턴의 방정식과 일치한다고 자신들이 대단한 발견이라도 한 것처럼 자신들의 파동함수를 자화자찬하고 있는 것입니다.

그러한 함수나 복잡한 양자수를 사용하지 않고도 필자는 원자핵을 공전하는 전자의 모든 역학 관계를 간단하게 설명할 수 있습니다. 그러한 설명을 할 때, 필자는 우주의 기본 원리인 '1구 1점의 원칙'과 'R2의 원칙' 이외에는 아무런 원칙도 추가하지 않고 간단하게 설명합니다. 그러나 양자물리학은 단지 4개의 숫자를 설명하기 위하여 무려 4개의 양자수와 이론을 추가하여 억지로 복잡하고 어렵게 설명하고 있습니다. 그리고 파울리는 자기스핀 오비탈 개념을 창안하면서 전자가 자전한다고 설명하고 -1/2 스핀값이 있다는 주장까지 했는데 전자는 자전할 수 없으며(상대성 이론에 의하여), 전자의 스핀값은 항상 1/2이지 -1/2 값을 가질 수 없습니다.

이와 같은 사실이 양자물리학의 오류를 단적으로 증명하는 것입니다.

양자물리학은 '사물의 이치'를 탐구함에 있어서 그 사물의 본질에 대한 규명을 선행하지 않고 양자의 세계에서는 사용할 수 없는 뉴턴의 미적분을, 자신들의 수학 실력을 자랑하듯이 마구 사용함에 따라 필연적으로 발생하는 오류를 당연히 폐기 처분하지 않고 오히려 이것을 자신들의 거짓된 이론의 발판으로 삼는 어처구니없는 행위를 해 왔습니다. 그것은 한낱 계산 기술에 불과한 것이지 과학이론이 아닙니다. 그것으로 어느 정도 기술의 발전은 이룩할 수 있겠지만 진실된 '사물의 이치'를 탐구하는 과학이론의 발전은 이룰 수 없습니다. 수많은 문제점을 안고 있는 현재의 양자물리학 상황이 그것을 말해 주고 있습니다.

아인슈타인은 E=mc²(m:질량, c:광속)을 통하여 에너지와 질량이 등가 관계임을 증명하였습니다.

그러므로 에너지는 '파동으로 표현된 물질의 값(크기)'이며, 질량은 '입자로 표현된 물질의 값(크기)'이라고 정의할 수 있겠습니다.

파동으로 에너지를 표현하면,

E=hν×n입니다.

입자로 에너지를 표현하면,

E=1/2mv²(m: 질량, v:속도)입니다.

전자는 원자의 내부에서 다른 입자와 충돌하는 순간에는 입자성을 띠며,

그때의 에너지는 E=1/2mv²으로 표현되며,

그 외의 모든 때에는 파동성을 띠며,

그때의 에너지는 E=hν×n으로 표현됩니다.

> 〈요약정리〉
> ① 모든 입자는 파동의 성질과 입자의 성질을 번갈아서 가지며 입자가 다른 입자와 충돌하는 순간 외에는 항상 파동의 성질을 가집니다.
> ② 파동은 동시에 그 파동의 동심구 표면 좌표점 전체에 존재할 수 있지만 입자는 동시에 한 개의 3차원 공간 좌표점에만 존재할 수 있습니다.

8. 불확정성의 원리

불확정성의 원리(Uncertainty Principle)는 하이젠베르크가 창안한 것이며 양자

물리학의 토대를 이루는 기본 원리 중 하나로 "입자의 위치와 운동량을 동시에 정확하게 알 수는 없다."라는 원리입니다.

그러나 그는 파동과 입자의 성질을 몰랐기 때문에 그러한 오판을 하게 되었던 것입니다. 그의 이론의 오류를 다음과 같이 지적하겠습니다.

전자가 원자핵의 주위를 공전하면서 다른 입자와 충돌하지 않는 상태에서는 파동성을 띱니다. 이때 주어진 에너지 준위에서 전자가 위치할 가능성이 있는 곳은 그 에너지 수준에 맞는 동심구(원자핵 중심) 표면의 정수 좌표점인데 전자가 파동성을 띠는 동안에는 어느 위치의 특정 좌표점도 정해지지 않은 상태이면서 동심구 표면 어떤 위치의 좌표점도 점유할 가능성이 있는 상태입니다. 이것은 파동의 성질이지 '불확실성'이 아닙니다. 파동은 동시에 동심구의 모든 표면에 실재하기 때문입니다. 그러므로 파동의 관점에서는 그 위치를 특정 좌표점으로 한정하는 것이 아니라 그 파동의 동심구 표면 전체가 위치가 되는 것입니다.

그러므로 이때의 위치는 원자핵을 중심으로 한 그 동심구의 반지름 r이 되며 위치에너지는 $E=h\nu$(E: 에너지, h: 플랑크 상수, ν: 진동수)가 되는데, 이때 $\nu=c/r$(c: 광속)이 됩니다.

그리고 그 위치에서의 전자의 운동에너지는 7.파동과 입자에서 설명한 것처럼,

$E=n$(n: 기본 진폭의 정수배)입니다.

그러므로 파동의 총에너지=위치에너지×운동에너지(운동높이=파동수)입니다.

즉, $E=h\nu$(E: 에너지, h: 플랑크 상수, ν:진동수)×n입니다.

위의 설명과 같이 파동의 위치는 특정 좌표점이 아니고 피동의 원점에서 r거리 동심구 표면상의 모든 좌표점 전체이므로 각운동량이 존재하지 않으며 그 대신 파동의 진폭 크기(=파동의 개수)가 운동량을 대신합니다.

그러므로 파동에서 특정 위치와 그 위치에서의 운동량을 측정하겠다는 하

이젠베르크의 발상 자체가 오류인 것이며 굳이 그 계산을 하려고 한다면 그 위치에너지는 h𝜈이고 운동량은 n(파동의 개수)이므로 전체에너지는 h𝜈×n으로 둘 다 동시에 측정할 수 있습니다.

그러므로 하이젠베르크의 불확정성의 원리는 오류인 것입니다.

전자가 원자를 탈출하여 자유전자가 되면 그 전자는 원자핵에 대한 위치(위치에너지)를 상실하게 되며 이때 빛 입자를 그 전자에 충돌시키면 그 전자는 그 순간에 입자성을 띠게 되므로 그 때의 운동에너지 $E = \frac{1}{2}mv^2$(m: 질량, v: 속도)도 정확하게 측정할 수 있습니다.

위와 같이 전자가 원자핵의 주위를 공전하고 있는 동안이나 원자를 탈출하여 자유전자가 되었을 때도 전자의 위치와 운동량은 동시에 정확하게 알 수 있으므로 하이젠베르크의 불확정성의 원리는 오류임이 증명됩니다.

양자물리학은 불확정성의 원리를 기본 이론으로 채택하였으므로 여러 가지 오류와 문제점을 갖게 되었으며 아직도 해결을 하지 못하고 있습니다.

아인슈타인은 1955년 사망할 때까지 하이젠베르크의 불확정성의 원리를 인정하지 않았습니다.

〈요약정리〉

① '불확정성의 원리'는 하이젠베르크가 창안하였으며 '입자의 위치와 운동량을 동시에 정확하게 알 수는 없다'는 원리로 양자물리학의 토대가 되는 이론입니다.

② 하이젠베르크는 파동과 입자의 성질을 제대로 파악하지 못하였으며, 전자가 파동일 때의 위치는 원자핵을 중심으로 한 그 동심구의 반지름 r이 되며 위치에너지는 $E = h\nu$가 되고 그 위치에서 전자의 운동에너지는 $E = n$이므로 불확정성의 원리는 오류임이 증명됩니다.

9. 기자의 대피라미드의 비밀

이집트 기자에 있는 대피라미드(Great Pyramid of Giza)는 이집트 왕의 무덤이 아닙니다.

그것은 그 당시 이집트의 과학 기술 수준으로는 건축이 불가능합니다.

그것은 우리의 현대 과학 기술 수준으로도 어려운 건축 기술과 천문학 지식을 요구합니다.

더군다나 다음에서 보여 드리는 것처럼 대피라미드는 현대 최고 수준의 전자 현미경으로도 관측이 불가능한 '빛의 모습'을 보여 준다는 점에서 그것은 초인간적인 능력을 가진 자가 인류에게 어떤 메시지를 전달하기 위한 것이라고 생각합니다.

다음과 같이 대피라미드는 빛의 형상과 그 생성 과정을 정확하게 보여 줍니다. 그리고 분명히 인류에게 보여 주려는 의도를 가지고 건축되었다고 생각합니다.

그리고 아래에서 보여 드리는 것처럼 인간의 탄생, 사망, 부활(또는 윤회)의 과정은 빛의 탄생, 사망, 부활(또는 윤회)의 과정과 유사하다는 점을 대피라미드는 시각적으로 생생히 묘사하고 있습니다.

1) 피라미드의 위치

피라미드가 있는 위치를 중심으로 해서 경도와 위도를 그으면 지구상의 육지 면적이 경도로 구분된 육지의 좌우 면적과 동일하고 위도로 구분된 육지의 상하 면적도 동일합니다. 이러한 위치를 정확하게 설정하려면 지구를 벗어난 우주 공간에서 지구를 볼 수 있는 위치에 있는 관찰자만이 가능합니다. 그러므로 피라미드의 건축 설계자는 지구 밖의 초인간적 지적 능력을 가진 자임을 짐작해 볼 수 있습니다.

그리고 경도와 위도로 구분하여 지구의 육지 면적이 동일하게 나눠지는 장소는 기자에 있는 피라미드의 위치 외에 정반대 쪽의 위치도 있습니다. 즉, 지구에는 그러한 장소가 두 군데 있다는 것이며 그 두 장소는 지구의 핵을 기준으로 하여 공전하는 원을 그릴 때 서로가 정반대의 장소에 위치합니다. 이것을 빛의 입자와 비교하여 표현하면 빛의 입자와 반입자는 서로가 서로를 공전하면서 항상 정반대 쪽의 위치를 서로가 차지하면서 전진하는 것에 비유할 수 있습니다.

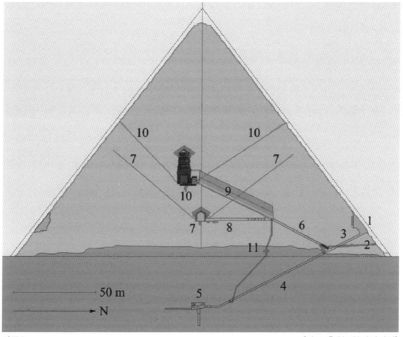

자료3   (자료 출처: 위키피디아)

1. 원래 입구(Original Entrance)

2. 도굴 터널(Robbers' Tunnel): 관광객 입구(Tourist Entrance)

3. 4. 하강 통로(Descending Passage)

5. 지하방(Subterranean Chamber)

6. 상승 통로(Ascending Passage)

7. 왕비의 방과 환풍 통로(Queen's Chamber & It's "Air-Shafts")

8. 수평 통로(Horizontal Passage)

9. 대화랑(Grand Gallery)

10. 왕의 방과 환풍 통로(King's Chamber & It's "Air-Shafts")

11. 작은 동굴과 샘물 갱도(Grotto & Well Shaft)

2) 광소4~n

앞에서 빛은 '광소4~n'의 집합체라고 정의 하였으며,

광소4는 밑면이 정사각형인 4각뿔이며,

광소n은 밑면이 정n각형인 n각뿔이며,

n이 무한대가 되면 원뿔의 형태가 된다고 설명하였습니다.

그런데 피라미드의 밑면의 한 변의 길이를 b, 피라미드의 높이를 h라고 하면 $\pi = 2b/h$임이 탐사에 의해 밝혀졌습니다. 이렇게 볼 때, 피라미드의 밑면과 높이는 분명히 원과 관련이 있다는 것을 알 수 있으며 그것의 의미는 밑면이 정사각형에서 시작하여 무한대까지 확대되어 결국에는 원뿔의 형태가 된다는 것을 암시하고 있습니다. 이것은 한 개의 건축물을 가지고 무한대 건축물의 가상적인 형태를 보여 주는 탁월한 지혜가 아닐 수 없습니다.

3) 피라미드의 꼭짓점

앞의 그림을 보면 피라미드는 꼭짓점이 없고 최상부가 평평하게 잘려져 있는 듯한 모습입니다. 이것을 도굴 흔적이라고 주장하는 사람도 있지만 필자는 다음 설명과 같이 건축 당시부터 그러한 모습이었다고 주장합니다.

정사면체는 정삼각형 4개로 구성된 다면체입니다. 그리고 이것이 광소3의 형태라고 앞에서 설명을 드렸습니다.

그리고 광소3의 밑면과 옆면에 각각 광소2$^+$와 광소2$^-$가 한 개씩 추가되어 밑면은 정사각형이고 옆면은 이등변 삼각형 4개인 4각뿔의 형태로 광소4가 형성된 것입니다. 옆면이 정삼각형이 아니고 이등변 삼각형이 될 수밖에 없는

이유는 광소3에 추가된 광소2$^+$와 광소2$^-$의 길이가 동일하며 모두가 같은 길이의 변을 가지고 다각뿔을 만들 수는 없기 때문에 필연적으로 옆면은 이등변 삼각형이 될 수밖에 없습니다. 그래서 피라미드의 꼭짓점 부분이 없는 것입니다. 마찬가지로 광소4~n도 꼭짓점 부분이 없습니다.

그러면 꼭짓점이 있는 광소3과 꼭짓점이 없는 광소4~n은 어떠한 기능상의 차이가 있을까요?

광소3에 꼭짓점이 있다는 것은 닫힌 공간이라는 것이며 그 속에서 운동하는 광음소1이 밖으로 탈출하지도, 외부의 광소1이 그 안으로 진입하지도 못한다는 것을 의미합니다. 그러므로 광소3의 에너지는 일정하고, 광소3은 외부의 에너지를 저장하지 못하고 자신과 상호 공전하는 전자에게 이 에너지를 전달만 합니다.

반면에 광소4~n은 꼭짓점이 열려 있기 때문에 외부에너지의 유입과 유출이 자유롭습니다. 외부에너지가 광소4~n에 유입되면 광소4~n의 내부에서 운동하는 광음소1의 진폭이 증가합니다. 즉, 광음소1의 에너지는 운동에너지이며 그 크기는 광음소1의 진폭에 비례합니다. 광음소1의 기본 진폭의 크기를 1이라고 가정하면 광음소1의 진폭1은 우주에서 가장 작은 길이의 단위이며 동시에 그것의 에너지 크기 역시 우주에서 가장 작은 에너지의 단위가 됩니다. 그리고 모든 빛의 에너지는 그것의 정수배의 에너지 크기를 가지며 빛이 R거리를 진행하면 그 에너지의 크기는 $1/R^2$이 되며(R^{2}의 원칙) 결국에는 그 에너지의 크기가 1까지 감소하는데 그러면 빛은 더 이상 진행하지 못하며 빅뱅 이전 우주 경계선의 에너지가 1입니다.

4) 태양의 배

피라미드의 동쪽에는 배 모양의 3개의 구덩이가 발견되었으며 실제로 그 구덩이에 묻혀 있는 1,224개의 나뭇조각을 이어 붙여 배가 재건축됐으며 현재도 그곳 박물관(Giza Solar Boat Museum)에 전시되어 있습니다.

또, 피라미드의 남쪽에는 두 개의 구덩이가 더 발견되었습니다.

이 5개의 구덩이는 우주의 기본입자 5개를 상징한다고 생각합니다.

배는 물과 관련이 있으며 물은 2차원 물질이라는 점에서 역시 2차원 입자인 광소2⁺, 광소2⁻, 음소2 입자 3개를 의미하며 나머지 2개의 구덩이는 광소3과 음소3을 의미합니다.

그 5개 입자의 조합으로 암흑에너지와 암흑물질이 형성됩니다.

암흑에너지와 암흑물질은 에너지를 상실하고 '허우주 공간'으로 옮겨져서 비활동 상태에 놓여 있다는 점에서 죽음의 상태라고 할 수 있습니다.

빛(광소4~n)의 입자가 물체에 진입하면 물체의 내부에 상존하는 자기장의 영향으로 그 에너지가 즉각 암흑물질에 흡수됩니다(이것은 빛 입자의 사망에 해당합니다).

암흑물질에 흡수되어 사망한 빛 입자(사망하기 전에는 '자유광소n'의 상태)가 '광소n'의 상태로 암흑에너지와 암흑물질로 구성된 죽음의 강을 건너는 장면을 '태양의 배'가 상징적으로 묘사합니다.

5) 지하방

'지하방(Subterranean Chamber)'은 죽은 상태에 있는 광소n을 묘사합니다.

피라미드 그림에서 묘사하면 1. 원래 입구는 빛(자유광소n)이 물체에 진입하는 입구이며 4. 하강 통로인 죽음의 과정(암흑물질 통과)을 거쳐서 5. 죽음의 지하방으로 인도되는 것을 보여 줍니다.

6) 상승 통로

어떤 빛은 암흑물질에 흡수되는 과정을 겪지 않고 물체를 탈출하는 빛(앞에서 설명해 드린 '흑체복사' 또는 '콤프턴산란')과 함께 바로 물체의 표면에서 반사됩니다. 상승 통로는 이것을 의미합니다. 이 통로의 끝은 아래에서 설명하는 '왕의 방'으로 인도합니다.

7) 작은 동굴과 샘물 갱도

지하 방에서 지상으로 가기 위해서는 11. 샘물 갱도를 통해야 하며 이 샘물 갱도의 끝에는 작은 동굴이 있는데 그 동굴에는 양의 머리 모양을 한 바위가 있습니다. 그리고 이 바위를 통과하면 지상으로 올라가는 출구가 있습니다. 지상으로 올라간다는 것은 암흑물질에게 빼앗겼던 에너지를 다시 찾아서 '실우주'에 위치하는 광소n이 되었다는 것을 의미합니다.

이 과정에서 샘물 갱도를 통과하여 작은 동굴에 있는 양의 머리 모양의 바위에 연결된다는 것은 광소n들이 모두 전자-광소3쌍에 연결되어서 그로부터 물체를 탈출하여 빛이 되기 위해 필요한 외부 에너지를 받는 것을 의미합니다(양의 머리에 뿔이 두 개 있는 것은 전자-광소3쌍을 의미합니다).

아래 자료4에서 동굴의 중앙에 있는 양의 머리 모양을 한 바위를 확인하시기 바랍니다.

(자료 출처: 위키피디아)   자료4

8) 왕의 방과 대화랑

왕의 방에는 외부로 통하는 환풍 통로(Air-Shafts)가 열려 있습니다. 이것은 이 방을 통하면 외부로 탈출하여 빛(자유광소n)이 된다는 것을 의미합니다.

왕의 방에 이르는 길은 '상승 통로'와 '대화랑'이 있는데, 대화랑은 상승 통로보다 7배가 높고 2배가 넓습니다. 이것은 대화랑은 '흑체복사'와 같이 모든 종류 파장의 빛이 탈출하는 것을 상승 통로는 '광전효과'나 '콤프턴산란'과 같이 일부 파장의 빛만 탈출하는 것을 상징합니다.

9) 왕비의 방과 수평 통로

왕비의 방에는 외부로 통하는 환풍 통로(Air-Shafts)가 중간에 막혀 있습니다. 이것은 이 방을 통하면 외부로 탈출하는 길이 없다는 것을 의미합니다.

왕비의 방에 이르는 '수평 통로'는 '흑체복사'에 동참할 정도의 원자핵 공전 경사각도에 도달하지 못한 광소의 상태에 해당합니다.

즉, 대화랑과 상승 통로의 경사각도는 물체를 탈출하기 위하여 요구되는 공전 경사각도를 광소가 충족한 것을 의미하며 수평 통로는 그 경사각도에 미치지 못해서 물체를 탈출하여 빛이 되지 못하고 대기 상태에 있는 광소의 상태를 묘사하는 것입니다.

즉, 물체에서 '흑체복사'가 발생할 경우에' 물체 내부의 '흑체복사'에 동참하지 않는 원자에 속하는 광소들도 있다는 것을 의미합니다.

〈요약정리〉

① 이집트의 대피라미드는 빛(광소n)의 모양과 생성 과정을 시각적으로 보여 줍니다.

② 빛은 탄생, 사망, 부활(환생)의 과정을 반복하는데 빛이 물체와 충돌하면 그 물체 내부의 암흑물질에 흡수되어 사망의 상태가 되고 전자-광소3쌍에 연결되어 다시 에너지를 흡수하여 부활(환생)의 과정을 통하여 빛(자유광소n)으로 재탄생합니다.

③ '흑체복사'할 때에 물체의 온도별로 전자-광소3쌍이 원자핵을 공전하는 경사각도가

10. 창세기

성경의 창세기 1장은 빛에 관한 이야기로부터 시작합니다.

저는 지금 종교에 관한 이야기를 하려고 이 부분을 말씀드리는 것이 아니라 빛의 본질에 관한 말씀을 드리고자 합니다.

뉴턴을 비롯하여 물리학자들 중에도 성경을 탐구함으로써 그 속에서 '사물의 이치'를 발견하려고 시도한 사람들이 많이 있습니다.

사물의 이치는 자연뿐만 아니라 성경이나 기타 여러 종교의 경전 내용과 같이 그 근원을 알 수 없는 영적 존재에 의하여 우리 인간에게 전해진 메시지를 통해서도 터득할 수 있다고 생각합니다.

그런데 그러한 메시지를 남들이 가르쳐 주는 대로 맹목적으로 믿고 받아들이는 것이 아니라 각자 스스로 우리에게 주어진 이성을 사용하고 '과학적 사고'를 통해 그것을 합리적으로 평가하고 받아들이는 것이 '사물의 이치'를 탐구하고자 하는 사람의 기본자세라고 생각합니다.

아래에서 성경의 창세기 1장 전체를 1절부터 시작하여 첫째 날부터 여섯째 날까지 날짜별로 소개하고 그것이 '빛의 본질'과 어떠한 관련이 있는지 설명을 드리겠습니다.

1 태초에 하나님이 천지를 창조하시니라
2 땅이 혼돈하고 공허하며 흑암이 깊음 위에 있고 하나님의 신은 수면에 운행하시니라

3 하나님이 가라사대 빛이 있으라 하시매 빛이 있었고

4 그 빛이 하나님의 보시기에 좋았더라 하나님이 빛과 어두움을 나누사

5 빛을 낮이라 칭하시고 어두움을 밤이라 칭하시니라 저녁이 되며 아침이
   되니 이는 첫째 날이니라

빛과 모든 만물의 근원인 '광음소1'에 관한 내용입니다.

즉, 태초에 빛의 근원인 '광음소1'이 존재하게 되었고 그것의 움직임이 시작
되었다는 의미로 해석할 수 있겠습니다.

'광음소1'은 점과 같은 1차원 입자입니다.

6 하나님이 가라사대 물 가운데 궁창이 있어 물과 물로 나뉘게 하리라 하
   시고

7 하나님이 궁창을 만드사 궁창 아래의 물과 궁창 위의 물로 나뉘게 하시
   매 그대로 되니라

8 하나님이 궁창을 하늘이라 칭하시니라 저녁이 되며 아침이 되니 이는 둘
   째 날이니라

물은 2차원 물질이며 '광음소1'이 시계 방향으로 회전하여 광소2$^+$(양전자)가
되고 반시계 방향으로 회전하여 광소2$^-$(전자)가 되는데

둘 다 2차원 입자입니다. 궁창 아래의 물은 전자를 의미하고 궁창 위의 물은
양전자를 의미합니다.

9 하나님이 가라사대 천하의 물이 한곳으로 모이고 뭍이 드러나라 하시매
   그대로 되니라

10 하나님이 뭍을 땅이라 칭하시고 모인 물을 바다라 칭하시니라 하나님의
   보시기에 좋았더라

11 하나님이 가라사대 땅은 풀과 씨 맺는 채소와 각기 종류대로 씨 가진 열

매 맺는 과목을 내라 하시매 그대로 되어

12 땅이 풀과 각기 종류대로 씨 맺는 채소와 각기 종류대로 씨 가진 열매 맺는 나무를 내니 하나님의 보시기에 좋았더라

13 저녁이 되며 아침이 되니 이는 셋째 날이니라

뭍은 고체이므로 3차원 물질입니다. 그 3차원 물질에서 자라나는 최초의 식물(채소와 과목)은 2차원 물질인 물을 양분으로 해서 성장합니다. 2차원 입자인 광소2$^+$(양전자)와 광소2$^-$(전자)가 3개씩 모여서 결합한 것이 3차원 입자인 광소3입니다. 그러므로 식물은 광소3을 의미합니다.

14 하나님이 가라사대 하늘의 궁창에 광명이 있어 주야를 나뉘게 하라 또 그 광명으로 하여 징조와 사시와 일자와 연한이 이루라

15 또 그 광명이 하늘의 궁창에 있어 땅에 비추라 하시니 그대로 되니라

16 하나님이 두 큰 광명을 만드사 큰 광명으로 낮을 주관하게 하시고 작은 광명으로 밤을 주관하게 하시며 또 별들을 만드시고

17 하나님이 그것들을 하늘의 궁창에 두어 땅에 비취게 하시며

18 주야를 주관하게 하시며 빛과 어두움을 나뉘게 하시니라 하나님의 보시기에 좋았더라

19 저녁이 되며 아침이 되니 이는 넷째 날이니라

하늘의 큰 광명은 태양이며 작은 광명은 달입니다. 지구와 달이 서로를 공전하면서 태양을 공전하듯이 전자(지구)와 광소3(달)이 서로를 공전(전자-광소3쌍의 상호 공전)하면서 원자핵(태양)을 공전합니다(셋째 날에서는 식물이 광소3을 의미하였고 지금은 달이 광소3을 의미합니다).

20 하나님이 가라사대 물들은 생물로 번성케 하라 땅 위 하늘의 궁창에는 새가 날으라 하시고

21 하나님이 큰 물고기와 물에서 번성하여 움직이는 모든 생물을 그 종류대로, 날개 있는 모든 새를 그 종류대로 창조하시니 하나님의 보시기에 좋았더라

22 하나님이 그들에게 복을 주어 가라사대 생육하고 번성하여 여러 바다 물에 충만하라 새들도 땅에 번성하라 하시니라

23 저녁이 되며 아침이 되니 이는 다섯째 날이니라

2차원 물질인 물에서 번성하는 생물은 원자 내의 전자궤도 사이에 있는 '암흑에너지'를 의미하며(암흑에너지는 2차원 입자 두 개의 결합체 입니다) 하늘과 땅에서 번성하는 새들은 '암흑물질'을 의미합니다. 암흑 물질은 광소4~n으로 구성되는데 광소4~n은 하늘(우주 공간)과 땅(물체)의 양쪽에 존재합니다.

24 하나님이 가라사대 땅은 생물을 그 종류대로 내되 육축과 기는 것과 땅의 짐승을 종류대로 내라 하시니 그대로 되니라

25 하나님이 땅의 짐승을 그 종류대로, 육축을 그 종류대로, 땅에 기는 모든 것을 그 종류대로 만드시니 하나님의 보시기에 좋았더라

26 하나님이 가라사대 우리의 형상을 따라 우리의 모양대로 우리가 사람을 만들고 그로 바다의 고기와 공중의 새와 육축과 온 땅과 땅에 기는 모든 것을 다스리게 하자 하시고

27 하나님이 자기 형상 곧 하나님의 형상대로 사람을 창조하시되 남자와 여자를 창조하시고

28 하나님이 그들에게 복을 주시며 그들에게 이르시되 생육하고 번성하여 땅에 충만하라, 땅을 정복하라, 바다의 고기와 공중의 새와 땅에 움직이는 모든 생물을 다스리라 하시니라

29 하나님이 가라사대 내가 온 지면의 씨 맺는 모든 채소와 씨 가진 열매 맺는 모든 나무를 너희에게 주노니 너희 식물이 되리라

30 또 땅의 모든 짐승과 공중의 모든 새와 생명이 있어 땅에 기는 모든 것에게는 내가 모든 푸른 풀을 식물로 주노라 하시니 그대로 되니라

31 하나님이 그 지으신 모든 것을 보시니 보시기에 심히 좋았더라 저녁이 되며 아침이 되니 이는 여섯째 날이니라

전자의 궤도 사이에 있던 암흑물질에 에너지가 유입되면 궤도를 운행하는 전자-광소3쌍에 연결되어서 '실우주'의 광소4~n이 되어서 전자-광소3쌍과 함께 원자핵을 공전합니다.

여기에서 광소4~n이 의미하는 것은 식물(온 지면의 씨 맺는 모든 채소와 씨 가진 열매 맺는 모든 나무)에 해당합니다.

그리고 전자-광소3쌍이 의미하는 것은 동물(땅의 짐승과 땅에 기는 모든 것과 공중의 새)에 해당합니다.

동물이 식물을 지배하듯이 전자-광소3쌍이 자신에게 연결되어 있는 모든 광소4~n의 에너지 유출입을 통제하여 그들을 물체 외부로 방출하여 빛(자유 광소4~n)이 되게 하든지 물체 내부에 광소4~n의 상태로 계속 있게 하든지 여부를 관리합니다.

이어서 최종적으로 여섯째 날의 마지막에 최초의 인간을 창조하는데 여기서 최초의 인간은 원자핵을 구성하는 양성자 속의 광소3을 의미합니다. 양성자 속의 광소3은 원자핵을 공전하는 모든 궤도의 전자-광소3쌍과 여기에 연결된 모든 광소4~n의 운행을 제어하는 역할을 합니다. 이것은 인간에게 모든 동물과 식물에 대한 지배권이 주어진 것을 상징적으로 의미합니다.

양성자는 광소2$^+$+음소2+광소3으로 구성된 복합입자입니다. 중성자는 광소2$^+$+광소2$^-$+음소3으로 구성된 복합입자입니다(파울리는 이것을 단일입자로 오판하였습니다).

양성자의 수명은 2.1×10^{29}년입니다. 반면에 중성자의 수명은 879초입니다. 상징적으로 최초의 인간인 광소3은 양성자의 낙원 안에서 영원히 살 수 있

었습니다. 그러나 그의 범죄 행위(이것의 물리적 의미는 차후에 설명하겠습니다)로 인해 양성자의 낙원에서 추방을 당하였으며 이 세상은 중성자의 상태(죽음이 있는 상태)가 되었습니다.

광소3은 최초의 인간을 의미하기도 하지만 최초의 생명체를 의미하기도 합니다.

현대의 양자물리학은 빅뱅 직후부터 설명이 가능하고 빅뱅 이전의 상황에 대하여는 설명을 하지 못합니다.

현대의 생물학계도 생명의 탄생 직후부터 설명이 가능하고 생명이 탄생하는 순간의 메커니즘에 대하여는 설명을 하지 못하고 있습니다.

필자는 차후에 '생명이란 무엇인가?' 편에서 무생명체인 물질이 생명체로 변화하는 순간의 메커니즘을 물리적 측면에서 '과학적 사고'를 통하여 설명해 드리겠습니다.

위에서는 창세기 1장을 '과학적 사고'를 통해 해석함으로써 원자 내부 모든 구성 요소의 메커니즘에 관해 설명하였으며 이러한 설명은 '삼체수이론'의 관점에서 설명을 드린 원자의 내부 메커니즘과도 정확하게 일치하므로 이것은 '삼체수이론'이 옳음을 입증하는 또 다른 증거가 됩니다.

다음 편 '소리란 무엇인가?'를 소개하기 위하여 요한복음 1장 1~3절을 다음과 같이 '과학적 사고'를 통하여 설명하겠습니다.

1 태초에 말씀이 계시니라 이 말씀이 하나님과 함께 계셨으니 이 말씀은 곧 하나님이시니라
2 그가 태초에 하나님과 함께 계셨고
3 만물이 그로 말미암아 지은 바 되었으니 지은 것이 하나도 그가 없이는 된 것이 없느니라

1절에서의 '말씀'은 물리적으로는 소리에 해당하며 이것은 5개의 기본입자 중 하나인 음소2에 해당합니다.

음소2는 '광음소1'이 직선 운동을 함으로써 생성된 2차원 입자이며 그 이름에서 알 수 있듯이 소리의 근원이 됩니다(광소2+와 광소2-가 빛의 근원이 되는 것과 같습니다).

광소2와 마찬가지로 음소2도 그 본질은 '광음소1'의 회전이므로 '말씀(음소2)이 하나님('광음소1'의 상징)과 함께 계셨으니 이 말씀은 곧 하나님이시니라'의 구절을 물리적으로 해석할 수 있습니다.

그리고 앞에서 설명한 것처럼 양성자 속에는 음소2가 들어 있고 중성자 속에는 음소3이 들어 있으며 모든 원소(물체)는 양성자와 중성자의 조합으로 구성되어 있으므로 '만물이 그로 말미암아 지은 바 되었으니 지은 것이 하나도 그가 없이는 된 것이 없느니라'라는 말도 '과학적 사고'를 통하여 물리적으로 설명할 수 있습니다.

다음 편 '소리란 무엇인가?'에서는 '소리'에 관하여 자세히 설명을 드리겠습니다.

〈요약정리〉

① 원자의 내부 메커니즘을 창세기 1장을 사용하여 '과학적 사고'를 통해 물리적으로 해석함으로써 또 다른 측면에서 원자 내부 메커니즘을 설명한 '삼체수이론'의 타당함을 증명할 수 있습니다.

② 원자핵 속 양성자 안의 광소3은 원자핵의 주위를 공전하는 전자-광소3쌍의 운동 메커니즘에 관여하고 전자-광소3쌍은 그것에 연결된 모든 광소4~n과 암흑에너지와 암흑물질의 에너지 유출입에 관여하고 빛의 생성을 관리함으로써 원자의 전체 에너지 시스템이 관리되는 것을 창세기 1장이 상징적으로 보여 줍니다.

제4편

소리란 무엇인가?

앞에서 설명한 것처럼 태초(빅뱅) 광음소1로부터 시작하여 광소2$^+$, 광소2$^-$ 음소2, 광소3, 음소3들의 조합으로 물질이 생성되었으며 물질에서 빛이 생성됩니다. 그리고 지금부터 설명하는 것처럼 물질에서 빛과 마찬가지로 소리도 생성됩니다. 이렇게 볼 때 빛과 소리는 동전의 양면처럼 서로가 밀접한 관련이 있습니다. 양자물리학은 이 사실을 모르고 있으며 소리의 본질에 관해서는 빛에 관하여 아는 것보다 훨씬 빈약한 수준입니다. 빛과 소리는 서로가 동전의 양면 같은 관계이므로 소리의 중요성은 빛보다 결코 떨어지지 않는데도 불구하고 현대물리학의 소리에 관한 연구는 빛에 관한 연구에 비해 그 수준이 현저히 떨어지고 있습니다.

1. 소리의 정의

앞에서 빛은 '물질을 탈출한 자유광소들의 집합체'라고 하였습니다.
그러므로 소리는 '물질을 탈출한 자유음소들의 집합체'라고 정의하는 것이 당연한 것 같으나 그렇지는 않고 소리는 '물질을 탈출한 자유음소'라고 정의할 수 있으며 그 이유는 아래와 같습니다.

2. 소리의 생성

소리의 생성 과정은 빛의 생성 과정과 유사합니다.

앞에서 설명한 것처럼 음소3은 음소2 6개가 합쳐져서 생성된 정4면체 입방체입니다. 여기에 음소2 2개가 옆면과 밑면에 각각 1개씩 추가되면 밑면이 정4각형이고 4개의 정삼각형 옆면으로 구성된 4각뿔형 입방체가 생성되는데 이것이 음소4입니다. 여기에 또 다시 음소2 2개가 옆면과 밑면에 각각 1개씩 추가되면 밑면이 정5각형이고 5개의 정삼각형 옆면으로 구성된 5각뿔형 입방체가 생성되는데 이것이 음소5입니다. 이러한 방식으로 음소2 2개가 옆면과 밑면에 각각 1개씩 음소n에 추가되면 음소n+1이 되며 음소n의 n이 무한대가 되면 음소n의 모습은 원뿔 형태가 될 것입니다.

이미 설명을 드린 것처럼 광소2$^+$, 광소2$^-$, 음소2, 광소3, 음소3은 모든 물질의 재료가 되며 광소4~n은 빛을 구성하는 일부가 되고(그래서 '광소'라고 명명하였습니다) 음소4~n은 소리가 됩니다(그래서 '음소'라고 명명하였습니다). 광소4~n, 음소4~n이 물질 내에 흡수되어 있는 동안에는 빛이나 소리가 아니며 광소4~n, 음소4~n으로 양성자와 중성자로 구성된 원자핵의 주위를 공전합니다.

전자가 광소3과 짝을 이루면서(상호 공전하면서) 원자핵의 주위를 공전하는 여러 궤도가 있는 것과 같이 음소2도 음소3과 짝을 이루면서(상호 공전하면서) 원자핵의 주위를 공전하는 여러 궤도가 있으며 궤도별로 고유의 파장(진동수)과 위치에너지를 갖고 있으며 여기까지는 빛의 경우와 동일합니다. 그리고 궤도 주위의 암흑물질도 빛의 경우는 광소n의 입자와 반입자로 짝을 이룬 결합체인 반면에 소리의 경우는 음소n의 입자와 반입자로 짝을 이룬 결합체라는 점만 다르고 에너지 유출입 메커니즘은 동일합니다. 다만 빛은 전자(광소2-)를 통한 열에너지 유출입 메커니즘인 반면에 소리는 음소2를 통한 운동에너지 유출입 메커니즘입니다.

그런데 광소n은 모든 입자-반입자쌍이 전자-광소3쌍과 연결되어서 원자핵을 공전할 때, 동일 원자 내 모든 광소n의 입자-반입자쌍은 동일한 공전 경사각도를 갖기 때문에 동시에 함께 물질을 탈출하여 빛이 되며 탈출 당시의 동일한 진행 방향(경사각도)을 그대로 유지하면서 진행합니다.

반면에 음소n은 각각의 입자-반입자쌍별로 각각의 공전 경사각도를 갖기 때문에 개별적으로 물체를 탈출하며 탈출 시 경사각도가 제각각이므로 진행 방향도 집합적으로 진행하지 않고 개별적으로 진행합니다. 그래서 소리의 정의를 '물질을 탈출한 자유음소들의 집합체'가 아니라 '물질을 탈출한 자유음소'라고 한 것입니다.

〈요약정리〉

빛과 소리는 동전의 양면과 같이 그 생성과 소멸 과정이 비슷하며 물질의 생성과 우주 에너지 분배의 일익을 담당합니다. 소리는 '물질을 탈출한 자유음소'입니다.

---

3. 빛과 소리의 차이

모든 물체는 그 물체의 길이에 반비례하는 고유 진동수를 갖고 있습니다.

위의 내용처럼 빛에너지와는 달리 소리에너지는 에너지의 분배 과정(흑체복사)이 없고 물체의 진동수와 동일 진동수의 소리에너지만 그 에너지가 계속하여 유입되는 동안에 공진(resonance)현상에 의하여 흡수하고 다른 모든 진동수의 소리에너지는 즉시 물체 밖으로 소리(자유음소n)의 형태로 유출합니다.

즉, 외부의 소리에너지가 물체에 유입되면 먼저 물체의 원자 내 암흑물질에 흡수되고(물체 내에 형성된 자기장의 영향으로), 이 암흑물질에 흡수된 소리에너지는 물체 내에서 음소 n의 동일 파장 음소그룹의 입자-반입자쌍이 되어 원자에 흡수되는 즉시 소리(자유음소 입자-반입자쌍)가 되어 물체를 탈출하며 그 물체의 진동수와 동일한 진동수(파장) 그룹의 입자-반입자쌍은 그 에너지가 계속 유입되는 동안에는 공진에 의하여 그 진폭이 증가하고(여러 개의 파동이 합쳐지고) 그 에너지의 유입이 중단되는 순간에 소리가 되어 물체를 탈출합니다.

그리고 빛에너지와 달리 소리에너지는 그 파장의 크기 내에 있는 물체에만 에너지가 전달됩니다. 그러므로 그 파장의 크기 내에 어떠한 입자(물체)도 없으면 소리에너지의 전달은 중지되고 소리는 자신의 파장 거리 이내에 물질이 없으면 진행할 수 없습니다.

반면에 빛은 전자기파이므로 전기장과 자기장이 교대로 발생하여 파동을 발생시키고 빛의 입자는 그 길을 따라 진행하므로 매개물질이 없어도 진행할 수 있습니다.

4. 빛과 소리의 3요소

빛과 소리는 3개의 요소로 나눌 수 있는데 그 내용은 서로 동일합니다. 그런데 현대물리학에서는 소리의 3요소(높낮이, 세기, 맵시)만 분류하고 있습니다. 저는 삼체수이론의 관점에서 다음과 같이 빛과 소리의 3요소를 함께 설명하겠습니다.

1) 파장

플랑크는 $E=h\nu$(E: 에너지, h: 플랑크 상수, ν: 진동수)라는 유명한 공식을 통하여 파장(진동수와 역의 관계)은 에너지와 역의 관계임을 증명하였습니다. 즉, 파장이 짧을수록 에너지가 큽니다.

저는 이때의 에너지를 위치에너지라고 부르겠습니다. 왜냐하면 궤도 운동을 하는 모든 입자(또는 파동)의 에너지는 그 입자(또는 파동)가 공전하고 있는 중심점에 대하여 상대적인 위치를 점유하고 있으며 그 위치는 그 중심점에서의 거리로 표현되며 그 거리에 반비례하여 에너지가 결정되기 때문입니다(양자물리학에서는 기저에너지라는 표현을 더 좋아합니다). 그러므로 빛과 소리는 파장이 짧을수록 위치에너지가 크고 이때, 빛과 소리의 에너지가 높다고 표현합니다.

2) 진폭

진폭의 크기는 빛과 소리 모두 '세기'라고 표현합니다. 이것을 물리적으로 정확하게 표현한다면 빛(광소)과 소리(음소)의 파동의 개수라고 말할 수 있습니다. 그리고 저는 이것을 운동에너지라고 표현하겠습니다.

이 운동에너지는 파동의 진폭 크기에 비례합니다.

동일 진행 방향이며 동일 크기의 파장을 가진 파동 두 개가 합쳐지면 그 진폭의 크기도 합쳐집니다(공진현상). 그러므로 파동의 운동에너지는 파동의 개수와 비례합니다.

그러므로 빛이나 소리 같은 미시세계 입자의 파동 상태일 때의 총에너지는 위치에너지×운동에너지입니다.

거시세계 물체의 입자 상태일 때의 총에너지는 위치에너지+운동에너지며 이 차이점을 양자물리학은 혼동하고 있는 것입니다.

3) 스핀(파동의 형태)

소리에서는 소리 맵시라고 하는데 빛에서는 이에 해당하는 표현이 없습니다. 그 이유는 소리는 음소n 중에서 입자-반입자쌍이 개별적으로 물질을 탈출한 것이므로 자유음소 입자-반입자쌍이 가지는 한 개의 스핀(맵시, 형태)만 가지므로 그것이 쉽게 구분되지만 빛은 물질을 탈출할 당시의 모든 자유광소n 입자-반입자쌍들의 집합체이며 탈출 이후에도 동일한 방향으로 집단적으로 연결되어 진행하므로 각각의 스핀(형태)을 가진 입자들이 집단을 이루어 나타나기 때문에 그것이 쉽게 구분되지 않아서 그 개별 형태를 인식하기 어렵기 때문입니다.

그러나 빛에도 스핀이 있기 때문에 그것을 빛의 맵시라고 표현할 수 있습니다.

레이저는 빛의 공진현상을 이용한 동일 파장의 자유광소n입니다.

그런데 이 동일 파장의 레이저는 서로 다른 스핀을 가진 광소n 입자-반입자 쌍들의 집합체입니다.

그러므로 동일 파장의 레이저 중에서 동일 스핀의 입자-반입자쌍의 레이저를 구분해서 공진시키면 동일한 소비 전력을 사용하면서도 더욱 강력한 레이저를 얻을 수 있습니다.

〈요약정리〉

빛과 소리 모두 3요소는 파장(높이), 진폭(세기), 스핀(맵시)입니다.

5. X선과 감마선

현대물리학에서는 X선과 감마선에 대한 명확한 정의를 내리지 못하고 혼선을 빚고 있습니다.

X선은 '빛보다 파장이 짧은 전자기파'입니다.

이 정의를 상세하게 설명하면,

암흑에너지인 광소2$^+$/광소2$^-$ 결합체와 암흑물질인 음소2/광소3 결합체에 (물체 내에 있는 자기장의 영향 하에서) 에너지가 유입되면 광소2$^+$와 광소2$^-$ 입자, 음소2와 광소3 입자로 분리되었다가 즉시 암흑에너지인 광소2$^+$/광소2$^-$ 결합체, 암흑물질인 음소2/광소3 결합체로 되면서 '허우주 공간'으로 사라지며 에너지를 발생시키는데 이 에너지는 전자궤도의 전자-광소3쌍에 즉시 흡수되어 전자-광소3쌍의 원자핵 공전궤도가 수축될 때 원자핵으로 흡수되지 않게 하는 역할을 합니다. 그런데 이 에너지에서 그 수준을 초과하는 부분은 물체 외부로 방출되는데 이것이 X선이며 이 때 X선의 파장은 상기의 전자-광소3쌍이 속해 있던 전자 궤도의 파장과 동일합니다. 즉, X선은 물체를 탈출한 광소2$^+$-광소2$^-$쌍 또는 음소2-광소3쌍의 전자기파 파동입니다.

감마선은 '소리보다 파장이 짧은 음파'입니다.

이 정의를 상세하게 설명하면,

암흑에너지인 음소2/음소2 결합체와 암흑물질인 음소2/음소3 결합체에(물체 내에 있는 자기장의 영향 하에서) 에너지가 유입되면 결합체는 두 개의 입자-반입자쌍으로 분리되었다가 즉시 입자/반입자 결합체로 되면서 '허우주 공간'으로 사라지며 에너지를 발생시키는데 이 에너지는 음소2 궤도의 음소2-음소3쌍에 즉시 흡수되어 음소2-음소3쌍의 원자핵 공전 궤도가 수축될 때 원자핵으로 흡수되지 않게 하는 역할을 합니다. 그런데 이 에너지에서 그 수준을 초과하는 부분은 물체 외부로 방출되는데 이것이 감마선이며 이 때 감마선의 파장은 상기의 음소2-음소3쌍이 속해 있던 음소2 궤도의 파장과 동일합니다. 즉, 감마선은 물체를 탈출한 음소2-음소2쌍 또는 음소2-음소3쌍의 음파 파동입니다.

〈요약정리〉

X선은 전자기파이고 감마선은 음파입니다.

6. 천둥과 번개

1) 대기 중에 수증기 입자가 밀집하면 그 입자들의 분자 내에 있는 전자로 인해 자

기장이 형성됩니다. 이러한 자기장에 빛에너지와 소리에너지가 유입되면 자기장 내부에 있던 암흑에너지와 암흑물질이 활성화되어서 빛에너지와 소리에너지로 수증기 입자를 탈출하고, 그 탈출한 빛에너지와 소리에너지는 또다시 암흑에너지와 암흑물질을 활성화하는 연쇄 반응이 일어납니다. 이때 수증기 분자 내부에서는 빛과 소리의 공진현상에 의해 파동의 진폭이 급격히 증가하여 막대한 에너지가 축적되는데 이것이 천둥과 번개입니다.

양자물리학은 아직도 천둥과 번개현상을 정확하게 설명하지 못하고 있습니다.

2) 테슬라 뮤직(Tesla Music)

공기 중에 인위적으로 자기장을 강하게 형성해 놓고 그 앞에서 음악을 연주하면 일종의 천둥과 번개현상이 발생하는 것을 볼 수 있습니다.

이것을 '테슬라 뮤직'이라고 부르는데 양자물리학은 이 현상을 설명하지 못하고 있습니다.

그리고 이것은 우주 공간에 널리 분포되어 있는 암흑에너지와 암흑물질의 존재를 간단하게 증명하는 실험이 됩니다.

〈요약정리〉

천둥과 번개, '테슬라 뮤직'은 암흑에너지와 암흑물질의 존재를 증명하며 우리에게 분명히 감지되는 증거 자료입니다.

7. 우주에서의 암흑에너지와 암흑물질의 역할

암흑에너지와 암흑물질은 빅뱅 직후부터 우주 전체에 골고루 생성되기 시작

했으며 지금의 우주 전역에 골고루 분포되어 있습니다.

앞에서는 원자 내부에서의 암흑에너지와 암흑물질의 역할에 관하여 설명하였습니다.

즉, 암흑에너지와 암흑물질은 원자의 내부에서 전자와 음소2의 궤도를 안정시키고 빛과 소리를 생성시킴으로써 우주 전체의 에너지 순환 시스템에서 일익을 담당합니다.

지금부터는 우주에서의 암흑에너지와 암흑물질의 역할에 대하여 말씀드리겠습니다.

은하계의 중심을 공전하는 별들도 원자핵을 공전하는 전자처럼 일정한 궤도를 따라 공전합니다.

그 별의 운동량이 줄어들어서 공전궤도의 반지름이 짧아지면 그 줄어든 운동량에 해당하는 에너지가 궤도 주위에 분포하는 암흑에너지와 암흑물질에 흡수되고 이 에너지는 다시 천둥, 번개의 형태로 그 별에게 에너지가 전달되어서 궤도를 공전하는 별의 운동에너지를 증가시킴으로써 별의 공전궤도는 안정적으로 유지됩니다.

이때 외부의 에너지를 추가적으로 더 많이 유입하면 그 에너지는 별의 질량을 증가시키게 되어 그 별의 공전 각속도를 늦추게 되고, 역시 별의 공전궤도 반지름이 더 길어지지 않고 안정적으로 유지됩니다.

그렇기 때문에 은하계 전체 별의 공전 각속도와 궤도는 안정적으로 유지되고, 허블 망원경으로 관측을 하면 우주의 모든 별은 간격이 멀어짐을 알 수 있습니다. 이것은 우주 팽창의 증거입니다.

우주 팽창의 이유는 다음과 같습니다.

은하계나 태양계가 그 중심을 공전하듯이 우주 전체는 빅뱅의 시작점이 위치한 우주 공간의 절대 위치 P(0,0,0)를 공전합니다.

그리고 빅뱅의 시작부터 지금까지 계속하여 그 절대 위치로부터 에너지가 우주 전역에 공급되고 있습니다. 이때, 그 에너지를 유입 받은 암흑에너지는 별들의 질량을 증가시키는 데는 사용되지 못하고 별들의 운동에너지만 증가시키는데 모든 별의 운동에너지가 동시에 증가하므로 모든 별의 거리가 멀어지게 되는 것입니다. 이렇게 해서 별들이 존재하는 우주(소우주라고 명명합니다)는 계속 팽창하고 빅뱅 이전의 광음소1 질량에 의해 형성된 자기장으로 구성된 우주(대우주라고 명명합니다)는 태초 이래로 불변입니다.

〈요약정리〉

① 암흑에너지와 암흑물질은 원자의 내부에서 전자와 음소2의 궤도를 안정시키고 빛과 소리를 생성시킴으로써 우주 전체의 에너지 순환 시스템에서 일익을 담당합니다.

② 우주에서 암흑에너지와 암흑물질의 역할은 우주에 있는 모든 별의 운행 궤도를 안정시키고 우주의 확장에 일익을 담당합니다.

제5편
양자물리학의 오류

앞에서 계속 양자물리학의 오류를 지적했습니다.

앞에서는 관련 내용을 설명하는 중에 그 오류를 지적하였는데 지금은 앞에서 지적한 것 이외의 오류를 별도로 모아서 지적하도록 하겠습니다.

앞에서도 언급하였지만 양자물리학은 그 기초를 세운 두 사람(하이젠베르크, 파울리)의 잘못된 이론을 받아들인 결과, 첫 단추를 잘못 끼운 것과 같은 결과를 초래하게 된 것입니다.

그래서 양자물리학은 그 기초부터 바로잡지 않으면 안 됩니다.

앞으로의 발전을 위해서는 뼈를 깎는 노력이 필요하며 이것은 마치 그 당시에 코페르니쿠스의 지동설을 받아들이는 것만큼이나 어려울 것이지만 그렇게 하지 않으면 더 이상의 과학이론 발전은 기대할 수 없습니다.

양자(입자)의 가장 중요한 특징은 스핀입니다.

원자들 간의 화학 반응이 그 원자의 당량을 기준으로 진행되듯이 입자들 간의 반응은 그 입자의 스핀을 기준으로 진행됩니다.

그런데, 양자물리학은 입자의 스핀에 대한 지식이 너무 초보 수준입니다(스핀의 종류가 얼마나 있는지도 모르고 있습니다).

그것 역시 스핀이론을 창시한 파울리가 스핀에 대한 기초를 잘못 다졌기 때문입니다(파울리는 전자가 자전한다고 오판하였고, -1/2스핀값도 가진다고 오판하였습니다).

124

삼체수이론은 '스핀이론'입니다. 모든 입자는 고유의 스핀을 갖고 있으며 모든 입자는 자신의 반입자와 항상 동행(상호 공전)합니다. 그리고 반입자의 스핀은 입자의 스핀과 부호는 다르고 절댓값은 같습니다.

입자들의 스핀 종류는 무한대입니다.

입자들의 스핀은 그 입자의 파장과 관련이 있으며 그들 사이의 관계는 지수적으로(2^n) 증폭하면서 일정한 패턴을 가지고 '무한 반복 증폭'합니다.

이 패턴을 알면 어떠한 입자라도 그 스핀을 쉽게 알 수 있습니다.

양자물리학은 바로 이 '스핀이론'을 깨닫지 못하고 파울리가 잘못 주장한 '자기스핀양자수이론'의 늪에 빠져 있습니다.

하이젠베르크는 파동과 입자의 관계를 제대로 알지 못했습니다.

그의 스승 보어가 '상보성 원리'를 그에게 알려 줬는데도 그는 이것을 제대로 받아들이지 못했습니다. 보어의 '상보성 원리' 핵심 부분인 "파동성과 입자성은 교대로 나타난다."라는 가설은 올바른 이론입니다.

원자의 내부에서 모든 입자는 극히 예외적인 경우(입자간의 충돌)를 제외하고는 거의 모든 시점에 파동의 상태, 즉, 파동입니다.

파동은 다음과 같이 파장과 진폭으로 구분됩니다.

• 동시에 여러 곳에 존재합니다(파동의 원점에서 r 반지름인 구의 표면 좌표점 모두에 동시 존재합니다).

그러므로 동심구 표면상 모든 좌표점의 위치에너지는 동일하고, 그 위치에너지는 반지름 r에 반비례합니다.

그래서 E(위치에너지)$=hc/r=h\nu$입니다(E: 에너지, h: 플랑크 상수, c: 광속, ν: 진동수).

• 상기 동심구 표면상 좌표점에서의 각운동량은 없습니다.

그것은 항상 일정한 위치를 점하고 있는 거시세계의 물체에게만 존재하는 것이며 동시에 여러 좌표점의 위치에 존재하는 미시세계의 파동에게는 각운동량이 존재하지 않습니다. 파동의 그 위치에서 존재하는 힘은 진폭입니다.

동일 방향으로 진행하는 동일 파장의 파동은 합쳐져서 단일파동이 되며 그 진폭은 이전 파동들의 진폭의 합입니다.

그러므로 진폭은 '기본파동'의 파동 개수(n)를 의미하고 '기본파동'은 동일한 위치(위치에너지)의 파동 중에서 진폭이 1(가장 작은 크기의 진폭)인 파동으로 정의할 수 있습니다.

그래서 파동의 운동에너지는 에너지가 아니라 파동의 개수이므로 '운동높이(=파동수)'라고 표현하는 것이 적당하겠습니다.

즉, 파동의 운동에너지(운동높이=파동수)는 E=n(n: 기본진폭(1)의 정수배)이고, 파동의 총에너지=위치에너지×운동에너지(운동높이=파동수)입니다.

즉, $E=h\nu$(E: 에너지, h: 플랑크 상수, c: 광속, v: 진동수)×n입니다.

위의 설명과 같이 파동의 위치는 특정 좌표점이 아니고 피동의 원점에서 r거리의 동심구 표면상 **모든 좌표점** 전체이므로 각운동량이 존재하지 않으며 그 대신 파동의 진폭 크기(=파동의 개수)가 운동량을 대신합니다.

그러므로 파동에서 특정의 위치와 그 위치에서의 운동량을 측정하겠다는 하이젠베르크의 발상 자체가 오류인 것이며 굳이 그 계산을 하려고 한다면 그 위치에너지는 $h\nu$이고, 운동량은 n(파동의 개수)이며 전체에너지는 $h\nu×n$으로 둘 다 동시에 측정할 수 있습니다.

그러므로 하이젠베르크의 불확정성의 원리는 오류인 것입니다.

아인슈타인은 끝까지 하이젠베르크의 불확정성의 원리를 인정하지 않았습니다.

위의 설명과 같이 양자물리학의 창시자에 해당하는 두 사람의 잘못된 이론을 그 기초로 삼아 앞에서 지적한 것들 외에도 양자물리학은 다음과 같은 오류들이 필연적으로 발생하게 되었습니다.

1. 표준모형

1) 표준모형이란 무엇인가?

표준모형의 개념은 다음과 같이 '네이버 지식백과'를 인용하여 소개하겠습니다.

〈표준모형〉

1960년대 이후 확립된 표준모형(Standard Model)은 물질을 구성하는 입자와 이들 사이의 상호작용을 밝힌 현대 입자물리학 이론.

표준모형이론에 따르면 모든 물질이 6개의 중입자 '쿼크'(스트레인지, 참, 톱, 업, 다운, 바텀)와 '렙톤'이라는 6개의 경입자(전자, 중성미자, 뮤온, 뮤온중성미자, 타우 입자, 타우 중성미자)와 그리고 이들의 반입자들로 구성되어 있다.

현대 물리학에서는 쿼크(중입자)와 렙톤(경입자)을 더 이상 쪼갤 수 없는 가장 기본적인 입자로 보고 있다. 원자는 원자핵과 전자로 이루어져 있고 원자핵은 양성자와 중성자로, 양성자와 중성자는 '쿼크'로 구성돼 있다. 표준이론에 따르면 물질은 이처럼 각각 3쌍의 쿼크(업-다운, 스트레인지-참, 보텀-톱)와 렙톤(전자-중성미자, 뮤온-뮤온중성미자, 타우-타우중성미자)으로 만들어졌으며 이들 상호간에는 4종류의 힘(중력, 전자기력, 약력, 강력)이 존재한다. 표준이론은 자연계에 존재하는 이 4가지 기본적인 힘 가운데 약력과 전자기력을 통합하는 이론인데, 전자기력은 전기적-자기적인 상호작용에 의한 힘이고, 약력이란 원자핵의 붕괴에 의하여 작용하는 특수한 힘을 말한다. 이 전자기력과 약력을 하나로 다루는 '표준이론'은 와인버그(Steven Weinberg), 글라쇼우(Sheldon Glashow), 살람(Abdus Salam) 등에 의해 성립되었으며, 이 이론을 만든 공로로 이들은 1979년 노벨 물리학상을 수상했다. 그러나 표준이론은 전자기력과 약력을 하나의 이론으로 묶는 데는 성공했으나, 강력을 제대로 결합하지 못했으며, 중력에 대해서는 전혀 언급이 없다.

출처: 네이버 지식백과

2) 표준모형의 오류

• 　뮤온 g-2 실험과 표준모형

〈g-상수〉
스핀이 1/2인 페르미온 입자의 자기 모멘트를 결정하는 상숫값이며 전자의
g-상숫값은 -2.00231930436182입니다.
전자의 g-상숫값을 토대로 하여 계산한 뮤온의 이론상 g-상수 예측값은
-2.00233183620입니다.

뮤온 g-2 실험은 위의 이론상 예측값을 실험을 통하여 검증해 봄으로써 현
재의 양자물리학계가 제시하고 있는 기본입자의 표준모형이 타당한가를 증
명하기 위한 것입니다.
2001년에 미국의 뉴욕주 소재 브룩헤이븐연구소에서 행한 실험에서 산출
된 뮤온의 g-상숫값은 -2.00233184080이었습니다.
이 값은 상기 이론상 g-상수 예측값과 상당한 차이가 있으므로 이 실험의
결과를 인정한다면 기존 표준모형의 타당성에 대한 의문이 제기될 수밖에
없으므로 상기 실험의 정확성을 검증하기 위하여 실험 장비를 개선시켜 정
밀도를 대폭 확장시키고 시카고 외곽에 있는 페르미연구소에서 이 실험을
재실시하였습니다.
2021년 4월 7일에 발표된 이 실험에서 뮤온의 g-상숫값은 놀랍게도 브룩헤
이븐연구소에서 행한 실험에서 산출된 값인 -2.00233184080과 동일하였
습니다.
이로써 뮤온의 g-상숫값은 이론상의 예측값과 실험상의 실젯값 사이에 무
시할 수 없는 오차가 있다는 것이 증명된 것이며 이것은 현재의 양자물리학
계가 지지하고 있는 기본입자의 표준모형에 오류가 있다는 것을 증명합니다.

3) 삼체수이론과 표준모형

삼체수이론에서는 현재 물리학계가 지지하고 있는 기본입자의 표준모형 오류를 다음과 같이 지적함과 동시에 뮤온 g-2 실험에서 밝혀진 바와 같이 뮤온의 g-상숫값이 이론상의 예측값과 실험상의 실젯값에서 오차가 발생하는 이유를 설명할 수 있습니다.

(1) 무한대 쿼크

양자물리학에서 쿼크는 '물질을 구성하는 기본입자'라고 정의합니다.

그리고 여러 개의 쿼크로 구성된 입자를 복합입자라고 부릅니다. 파울리는 중성자를 복합입자가 아닌 기본입자라고 설명함으로써 그 당시에 문제가 되었던 베타붕괴 과정에서의 각운동량 보존의 문제를 설명하였습니다. 그의 설명은 부정확한 것이었는데도 당시의 물리학계는 이를 받아들였으며, 오늘날의 양자물리학계는 중성자는 양전자+전자+음소3으로 구성되어 있다는 삼체수이론의 주장과는 달리 쿼크 3개로 구성되어 있다고 주장합니다.

쿼크의 이론적 체계를 수립하기 시작한 사람은 겔만(Murray Gellman)입니다. 그는 불교 사상인 '팔정도'를 차용하여 기본입자 중의 8개의 성질을 규명하였다고 스스로 주장했습니다.

양자물리학에서 말하는 쿼크는 삼체수이론에서는 광소n에 해당합니다. 숫자의 개수가 무한대인 것처럼 광소n의 개수도 무한대이며 그 성질도 무한대로 변화하며 각각 다릅니다. 그런데 양자물리학에서는 이것이 유한한 것으로 착각하고(지금은 이것이 무한대로 늘어날지도 모른다는 생각을 하는 학자도 있습니다) 새로이 쿼크가 발견될 때마다 이것에 새로운 이름을 붙이고(노벨상을 받고), 양자수(스핀)를 조사하고, 그 성질을 설명하기 위해 새로운 양자수와 성질을 추가하여 새로운 이론을 개발하고 있습니다. 이렇게 계속한다면 앞으로 무한개의 **'쿼크 이름과 양자수와 양자수이론과 노벨상'**이 추가로 필요할 것입니다.

삼체수이론의 광소n을 사용하면 그동안 발견된 모든 쿼크의 성질과 양자수를 설명할 수 있음은 물론 앞으로 입자가속기를 통하여 출현할 모든 신규 쿼크도 정확하게 설명할 수 있습니다.

앞에서 언급한 겔만의 팔정도이론의 8개 입자는 삼체수이론의 숫자 궤도3에 속하는 광소 8개(2^3=8)로 광소8~광소15에 해당합니다(표2를 참조하시기 바랍니다).

표2에서 보듯이 광소8~광소11은 광소12~광소15와 거울처럼 마주보는 대칭 관계에 있습니다. 반대편에 있는 자신의 짝과는 스핀값이 절댓값은 같고 부호는 반대입니다. 그리고 파장은 광소8~광소15 8개 모두 동일 그룹(2^n그룹 이며 개별 입자의 파장은 각각 다르지만 입자와 반입자의 평균 파장은 모두 동일한 파장을 갖고 있는 광소n그룹)에 속합니다.

이것은 그 광소들이 서로 입자-반입자 관계에 있다는 것을 나타냅니다. 그리고 모든 광소n의 파장과 스핀값은 질서 정연하게 변한다는 것을 '입자주기율표'를 통해서 알 수 있습니다. 또한 '입자주기율표'를 사용하면 '입자방정식'을 만들 수 있으므로 입자와 입자의 충돌 과정과 결과를 설명할 수도 있고 예측도 할 수 있습니다(엄청난 비용을 들여서 입자가속기를 돌려야만 그 결과를, 그것도 부정확하게 알 수 있는 현대 양자물리학의 현실과 비교해 보시기 바랍니다).

이처럼 현대의 양자물리학은 무한대 쿼크의 늪에 빠져서 헤어 나오지 못하고 있습니다. 이것은 파울리의 오류에서 비롯된 양자수이론을 아직도 버리지 못하고 있기 때문입니다.

(2) 입자방정식

원소주기율표가 없으면 화학방정식을 만들 수 없고 화학방정식이 없으면 화학반응의 결과를 설명하거나 예측할 수 없습니다.

현대 양자물리학에서 '입자방정식'에 해당하는 '파인만 다이어그램'은 '화학방정식'에 비하면 그 기능이 턱없이 부족하다는 것을 개발자인 파인만 (Richard Feynman) 자신도 부인하지 못할 것입니다.

그에 비하여 삼체수이론에서 개발한 '입자주기율표'를 이용해 '입자방정식'을 사용하면 입자들의 반응(충돌) 과정을 정확하게 설명할 수 있을 뿐만 아니라 그 결과를 예측할 수도 있습니다.

현재 세계적으로 입자가속기의 건설과 운용에 천문학적인 비용을 지출하고 있는 점을 감안할 때, 삼체수이론의 '입자주기율표'는 1869년 과학계 전반에 혁신을 초래한 멘델레예프(Dmitrii Ivanovich Mendeleev)의 원소주기율표 못지 않은 역할을 수행할 것이라고 확신합니다.

'입자주기율표'를 사용한 '입자방정식'의 실례는 아래와 같습니다(괄호 안의 숫자는 입자의 스핀값이며, 입자방정식의 좌변과 우변의 스핀값 합이 동일합니다. 입자는 스핀값을 기준으로 반응합니다).

제2세대 전자(뮤온)(1/2)=전자(광소2⁻)+뮤온중성미자(음소4)+광소3

$$=(1/2)+(1/2)+(-1/2)=(1/2)$$

제3세대 전자(타우)(1/2)=전자(광소2⁻)+타우중성미자(음소8)+광소3

$$=(1/2)+(1/2)+(-1/2)=(1/2)$$

제4세대 전자(*E4)(1/2)=전자(광소2⁻)+E4중성미자(음소16)+광소3

$$=(1/2)+(1/2)+(-1/2)=(1/2)$$

*E4는 향후에 입자가속기를 통해 발견될 수 있는 제4세대 전자로 삼체수이론에서 예측하고 있는 것입니다.

현대물리학에서는 뮤온과 타우를 전자처럼 기본입자로 인식하고 있으며 과거에는 파울리의 영향을 받아서 중성자와 양성자도 복합입자가 아니라 기본입자라고 주장하였습니다. 그리고 현재도 중성자와 양성자 속에 전자와 양전자가 있다는 사실을 인정하지 않고 업쿼크와 다운쿼크들로 구성되어 있다고 주장합니다. 그러나 삼체수이론에서는 중성자와 양성자는 전자와 양전자를 포함한 5개의 기본입자들 중에서 3개의 조합으로 구성되어 있음을 입증할 수 있습니다.

(3) 결론

앞에서 설명을 드린 것처럼 현대 양자물리학계는 뮤온이 기본입자라고 착각하고 있습니다. 그렇기 때문에 현대물리학에서 계산한 뮤온의 g-상수의 이론상 예측값과 실험상의 실젯값 사이에는 오차가 있을 수밖에 없습니다.

위의 설명과 같이 뮤온은 전자(광소2⁻)+뮤온중성미자(음소4)+광소3의 3개의 기본입자로 이루어진 복합입자입니다.

프랑스의 물리학자(겸 수학자) '푸앵카레'는 상호 운동하는 3개 이상의 입자의 운동 모멘텀은 인간의 대수학으로는 예측할 수 없다는 것을 증명하였으며 이것을 '삼체문제(Three Body Problem)'라고 명명하였습니다.

뮤온의 운동 모멘텀에는 위의 설명처럼 3개 입자의 운동 모멘텀이 복합적으로 작용합니다. 그러므로 현재의 대수학적 방법으로는 정확한 예측값을 산출할 수 없습니다. 그래서 현대물리학에서 계산한 뮤온의 g-상수의 이론상 예측값과 실험상의 실젯값 사이에는 오차가 있을 수밖에 없습니다.

2021년 4월 7일에 발표된 페르미연구소에서의 실험 결과는 양자물리학계가 자신해 왔던 현재의 기본입자의 표준모형이 오류임을 분명히 보여 주는 것입니다.

삼체수이론에서 기본입자는 5개(광소2⁺, 광소2⁻, 음소2, 광소3, 음소3)이며 우주의 모든 물질은 그 5개의 기본입자로 구성되어 있다고 주장합니다.

그 5개의 입자만으로도 우주의 모든 물질과 입자의 생성과 역학 관계를 충분하고도 정확하게 설명할 수 있는데 왜 다른 기본입자가 더 필요하겠습니까?

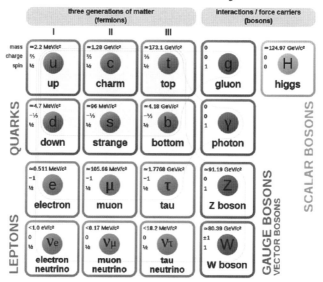

Standard Model of Elementary Particles

〈기본입자의 표준모형〉   자료5 (자료 출처: 위키피디아)

〈요약정리〉

① 삼체수이론은 '스핀이론'입니다. 모든 입자는 고유의 스핀을 갖고 있으며 모든 입자는 자신의 반입자와 항상 동행(상호 공전)합니다. 그리고 반입자의 스핀은 입자의 스핀과 부호는 다르고 절댓값은 같습니다. 양자물리학은 바로 이 '스핀이론'을 깨닫지 못하고 파울리의 잘못된 '자기스핀양자수이론'의 늪에 빠진 결과로 기본입자의 표준모형도 오류에 빠지게 되었습니다.

② 삼체수이론에서 기본입자는 5개(광소2⁺, 광소2⁻, 음소2, 광소3, 음소3)이며 우주의 모든 물질은 그 5개의 기본입자로 구성되어 있다고 주장합니다. 그 5개의 입자만으로도 우주의 모든 물질과 입자의 생성과 역학 관계를 충분하고도 정확하게 설명할 수 있습니다.

2. 베타붕괴

베타붕괴는 양자물리학의 기초를 이루며 주요한 이론적 근거를 제공하는 물리현상입니다. 이 과정을 설명하면서 양자물리학의 오류를 지적하겠습니다.

베타붕괴의 개념은 다음과 같이 '네이버 지식백과'를 인용하여 소개하겠습니다.

베타붕괴란 원자핵 안에서 약한 상호작용으로 인해 양성자가 중성자로 변환되거나 그 역으로 변환되는 핵붕괴과정을 말한다. 베타붕괴로 인해 안정된 원자에서는 적절한 양성자와 중성자의 비율이 유지된다. 이 붕괴의 결과로 핵에서 베타입자를 방출하는데 이 입자는 전자나 양전자이다.

$n \rightarrow p$ + 전자 + 전자 반중성미자

이때 음의 전하를 띤 전자가 방출되므로 베타마이너스붕괴(β^-)라고 한다.
핵이 베타마이너스붕괴를 거치면 다음과 같이 다른 핵으로 바뀔 수 있다.

$^{137}_{55}\text{Cs} \rightarrow {}^{137}_{56}\text{Ba}$ + 전자 + 전자 반중성미자

(앞의 첨자는 질량수, 뒤의 첨자는 원자번호)

반대로 양성자가 에너지를 흡수하여 중성자를 만들며, 양전자와 전자 중성미자가 방출되는 반응이 있다

p + (energy) $\rightarrow n$ + 양전자 + 전자 중성미자

이때에는 양전자가 방출되므로 베타플러스붕괴()라고 한다. 그 결과 다음과 같은 핵변환이 일어날 수 있다.

$$^{22}_{11}\text{Na} \rightarrow {}^{22}_{10}\text{Ne} + \text{양전자} + \text{전자 중성미자}$$

(앞의 첨자는 질량수, 뒤의 첨자는 원자번호)

출처: 네이버 지식백과

아래에서 '삼체수이론'으로 베타붕괴의 과정을 설명하면서 양자물리학의 설명과 비교해 보겠습니다.

베타마이너스붕괴

중성자가 양성자로 변환하는 과정이 베타마이너스붕괴입니다.

먼저, 중성자와 양성자의 입자방정식은 아래와 같습니다.

중성자(1/2)=양전자(1/2)+전자(1/2)+음소3(-1/2)입니다(괄호 안은 스핀).

양성자(1/2)=양전자(1/2)+음소2(1/2)+광소3(-1/2)입니다(괄호 안은 스핀).

중성자는 양성자보다 질량이 크므로 중성자가 양성자로 변환할 때는 에너지가 발생(유출)합니다. 그 에너지는 주위에 있는 암흑물질인 음소2/광소3 결합체에 유입되어서 그들의 결합이 음소2와 광소3으로 분리됩니다.

이어서 중성자 내부를 탈출한 양전자와 음소2와 광소3의 3개 입자가 상호 공전하는 양성자가 됩니다. 그리고 동시에 중성자 내부에 있던 전자와 음소3이 중성자 밖으로 탈출하여 전환된 양성자 옆에 남는데 이 과정이 베타마이너스붕괴입니다.

그런데 앞에서처럼 양자물리학에서는,

$$n \rightarrow p + \text{전자} + \text{전자 '반중성미자'}$$

(n은 중성자, p는 양성자)라고 설명하는데 그들은 음소3을 전자 '반중성미자'로 착각하고 있습니다.

베타플러스붕괴

양성자가 중성자로 변환하는 과정이 베타플러스붕괴입니다.

양성자는 중성자보다 질량이 작으므로 양성자가 중성자로 변환할 때는 에너지가 유입되어야 합니다. 그 유입된 에너지는 주위에 있는 암흑에너지인 전자/양전자 결합체와 암흑물질인 음소2/음소3 결합체에 유입되어서 그들의 결합이 전자와 양전자, 음소2와 음소3으로 각각 분리됩니다.

이어서 양성자 내부를 탈출한 양전자와 전자와 음소3의 3개 입자가 상호 공전하는 중성자가 됩니다. 그러면 양성자를 탈출한 음소2와 광소3과 상기 전자와 양전자, 음소2와 음소3 중에서 남은 양전자와 음소2가 남는데 음소2 두 개는 결합하여 암흑에너지인 음소2/음소2 결합체가 되어 '허우주 공간'으로 사라집니다. 그러므로 전환된 중성자 옆에는 양전자와 광소3이 남는데 이 과정이 베타플러스붕괴입니다.

그런데 위에서처럼 양자물리학에서는,

$$p + (\text{energy}) \rightarrow n + \text{양전자} + \text{전자 '중성미자'}$$

(n은 중성자, p는 양성자)라고 설명하는데, 그들은 광소3을 전자 '중성미자'로 착각하고 있습니다.

아래에서 그들의 오류를 설명하겠습니다.

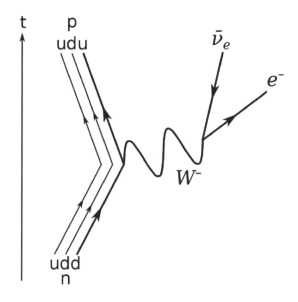

The Feynman diagram for beta-minus decay of a neutron into a proton, electron and electron anti-neutrino, via an intermediate heavy W^- boson(파인만 다이어그램에서 중성자가 양성자로 변환되는 베타마이너스붕괴 과정입니다. W^-을 매개로 한 약한 상호작용을 통해 전자와 전자 '반중성미자'가 생성되는 것을 보여 줍니다).

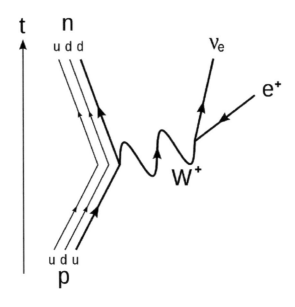

자료6

The leading-order Feynman diagram for β^+ decay of a proton into a neutron, positron, and electron neutrino via an intermediate W^+ boson(양성자가 중성자로 변환되는 베타플러스붕괴 과정입니다. W+을 매개로 한 약한 상호작용을 통해 양전자와 전자 '중성미자'가 생성되는 것을 보여 줍니다).

자료 출처: 위키피디아

양자물리학의 시작 무렵에, 베타붕괴의 메커니즘을 설명하기 위해서 하이젠베르크가 중성자를 양성자와 전자의 복합입자라고 생각함으로써 원자핵 내부의 중성자가 전자를 방출하는 과정일 것이라고 추론하였습니다. 그러나 중성자, 양성자, 전자는 동일한 스핀(1/2)을 갖고 있으므로 이 이론은 '각운동량 보존의 법칙'에 위배되므로 배척되었습니다(중성자=양성자+전자라고 하면 1/2=1/2+1/2이 되므로 변환 전후의 입자들의 스핀 합이 일치하지 않습니다).

그래서 이 문제에 대한 해결책으로 1931년에 파울리가 중성미자 가설을 발표하고 중성자를 더 이상 복합입자로 생각하지 않고, 중성자가 양성자로 변환되면서 전자와 반중성미자(스핀=-1/2)가 방출된다는 것으로 해석한 이론을 고안하였으며 물리학계에서는 이것을 받아들여 오늘날 쿼크이론의 근간이 되고 있습니다.

양자물리학은 중성자와 양성자 속에 전자나 양전자가 들어 있다는 생각을 애초부터 배제하였던 것입니다. 이것은 전적으로 파울리의 잘못된 이론을 양자물리학이 그대로 받아들였기 때문이며, 그로부터 연쇄적으로 다른 모든 이론의 오류가 발생하여 오늘날에 이르고 있습니다.

가장 먼저 양자물리학이 해결해야 할 문제는 양성자와 중성자의 전하를 설명하는 것이었습니다. 그들의 주장대로 업쿼크(+전하)와 다운쿼크(-전하) 중에서 도합 3개를 선택하여 양성자의 전하(+)와 중성자의 전하(0)를 설명하기 위하여 전자 기본 전하량의 1/3전하량 개념을 창안하지 않으면 안 됐습니다. 그러나 우주에서 전자 한 개가 가지는 최소의 전하량보다 더 작은 전하량은 존재하지 않습니다. 우주는 양자화(정수화)되어 있고 전자보다 작은 입자는 없기 때문입니다.

그러므로 업쿼크의 전하는 +2/3이고, 다운쿼크의 전하는 -1/3이라는 양자물리학의 가설은 억지입니다.

거짓말은 거짓말을 낳듯이 이제는 중성자와 양성자의 스핀을 맞추는 문제가 대두되었습니다. 중성자와 양성자의 스핀은 둘 다 1/2입니다.

앞에서 본 표준모형 그림 속에 있는 업쿼크와 다운쿼크에 있는 스핀을 사용하여 어떻게 계산해도 그 스핀의 합이 1/2이 되지 않음을 알고, '이소스핀'이라는 개념을 또 창작하여 한 개의 쿼크가 1/2과 -1/2값을 둘 다 가질 수 있다는 또 다른 억지 주장을 추가합니다.

그러나 거짓말을 합리화하려면 또 다른 거짓말이 필요한 법입니다.

중성자와 양성자의 내부 문제를 두 가지 거짓말로 해결한 후에도 문제는 남아 있었습니다.

파인만 다이어그램에서 보듯이 중성자와 양성자의 내부는 이 두 가지 거짓말로 해결했다 치더라도, 그 외부에 갑자기 발생한 전자와 전자 '반중성미자'와 양전자와 전자 '중성미자'를 외부에 설명해야 하는 문제가 또 남아 있었습니다.

그리고 그 에너지(힘)를 전달할 매개자로 W+보존과 W-보존의 존재가 필요하였고 '약한 상호작용'이라는 이론이 함께 필요하였습니다. 그래서 거짓말은 4개로 불어났습니다.

그들의 설명과 저의 설명을 아래에서 비교해 보겠습니다.

- 저는 기본입자 5개와 암흑에너지와 암흑물질로 베타붕괴의 모든 메커니즘을 설명하였으며 암흑에너지와 암흑물질도 기본입자 5개로 구성되어 있습니다. 또한, 암흑에너지와 암흑물질 이론은 베타붕괴를 설명하기 위해 특별히 고안된 이론이 아니고 다른 부분에서도 공통적으로 사용되는 이론입니다. 그리고 특별한 에너지의 매개자 존재를 필요로 하지 않았습니다. 그리고 차후에 설명하겠지만, 모든 힘(에너지)의 전달자는 '광음소1'이라는 '통일장이론'을 완성하였습니다.

그리고 저는 다른 입자들 간의 역학 관계를 설명할 때도 추가적 입자나 이론이 필요하지 않습니다.

- 양자물리학은 베타붕괴를 설명하는 데만 2개의 쿼크, 4개의 렙톤, 1개의 게이지 보존, 4개의 가설이 필요하였습니다.

그리고 다른 입자들 간의 역학 관계를 설명하기 위해서는 상기의 표준모형에서 보듯이 총 17개(렙톤의 반입자까지 포함하면 23개)의 기본입자와 그와 결부된 수많은 '양자수'와 이론이 추가적으로 필요하며 앞으로도 새로운 쿼크가 더 출현하면 그것을 설명하는 더욱 많은 '양자수'와 이론이 필요하게 될 것입니다.

- 전자 중성미자(Neutrino)와 전자 반중성미자(Anti-Neutrino)

앞에서 보시다시피 양자물리학에서는 음소3을 전자 반중성미자로, 광소3을 전자 중성미자로 인식하고 있습니다.

그런데 표준모형 그림에서 보면, 전자 중성미자의 스핀이 1/2로 표시되어 있습니다.

그러면 다음과 같이 그들이 설명하는 베타플러스붕괴 과정에서

$$p + (energy) \rightarrow n + 양전자 + 전자 '중성미자'$$

(n은 중성자, p는 양성자)

화살표 좌측의 스핀은 1/2, 우측의 스핀 합은 1/2+1/2+1/2=3/2이므로 각운동량 보존의 법칙에 위배됩니다. 그렇다고 여기를 전자 반중성미자(스핀=-1/2)로 하면 베타마이너스붕괴 과정의 전자 반중성미자를 전자 중성미자로 바꿔야 하므로 이번에는 그 쪽이 각운동량 보존의 법칙에 위배됩니다.

그래서 양자물리학은 아직도 전자 반중성미자의 스핀값을 명확하게 하지 않고 애매모호한 상태로 버려두고 있습니다. 이것은 눈 가리고 아옹 하는 짓입니다(파울리가 각운동량 보존의 법칙의 위배를 근거로 전자 반중성미자 가설을 주장한 것을 상기하시기 바랍니다).

결론적으로 말씀을 드리면, 양자물리학은 음소2(스핀=1/2), 광소3(-1/2), 음소3(-1/2)의 개념에 대한 이해가 전혀 없기 때문에 그것들을 엉터리로 구분하고 있으며 중성자와 양성자 내부에 전자와 양전자가 있고 상기의 음소2, 광소3, 음소3도 함께 있다는 사실을 전혀 모르고 있습니다.

그렇기 때문에 그들이 몇몇의 개별적인 반응 과정을 억지를 써서 적당히 둘러댈 수는 있어도 계속 거짓말을 이어 가다 보면 결국에는 들통이 날 수밖에 없는 것입니다. 그래서 제가 이 책을 통해 그들의 수많은 억지 이론을 밝혀내고 있는 것입니다.

3. 마법의 수

원자핵이 분열하지 않고 안정이 되는 핵자(양성자+중성자)의 수를 마법의 수 (Magic Number)라고 합니다.

양자물리학에서 원자를 구성하는 입자는 양성자, 중성자, 전자 3가지라고 설명합니다.

그러나 이미 앞에서 여러 번 말씀드린 것과 같이 원자의 내부에는 이 3가지 외에도 음소2, 광소3, 음소3 입자가 양성자 또는 중성자의 주위를 공전합니다.

정확하게 이야기하면 우주의 5개 기본입자인 전자(광소2⁻), 양전자(광소2⁺), 음소2, 광소3, 음소3은 전부 서로를 공전하는데

5개의 입자 중에 3개가 양성자(양전자+음소2+광소3)가 되면 그 주위를 나머지 2개 입자인 전자와 음소3이 공전하고,

5개의 입자 중에 3개가 중성자(전자+양전자+음소3)가 되면 그 주위를 나머지 2개 입자인 음소2와 광소3이 공전합니다.

이와 같이 특수한 경우를 제외하고는 5개 입자는 항상 함께 움직입니다.

프랑스의 수학자(겸 물리학자) 푸앵카레는 3개 이상 입자들의 상호 움직임은 인간의 대수적 방법으로는 예측할 수 없다는 것을 증명하였습니다(이것을 '삼체문

제'라고 합니다).

그러므로 5개 이상의 입자가 상호작용하는 원자 내부 입자들의 운동 메커니즘을 어떠한 함수를 사용하여 예측할 수는 없습니다.

그런데 마리아 궤페르트 마이어(Maria Goeppert Mayer)는 '마법의 수'를 산출한 공로로 1963년에 노벨상을 수상하였습니다.
그녀가 증명한 마법의 수는 2,8,20,28,50,82,126의 7개 숫자였습니다.
그녀는 어려운 방법(저도 모르고 물리학자들도 아는 사람이 많지 않습니다)을 써서 한 개의 함수로서 이 숫자들을 산출하였다고 합니다.
그러나 마법의 수는 정확하게 정해진 숫자가 아니므로 그 경계가 모호해서 지금까지 마법의 수라고 학계에서 밝혀진 수는 5개가 더 늘어난 총 12개입니다. 마법의 수를 정확하게 확정하지 못하는 이유는 앞에서 말씀드린 것처럼 원자 내부는 5개 이상의 입자들의 상호작용 영역이기에 현대의 수학적 방법으로는 예측 불가능하기 때문입니다.

그래서 저는 지금까지 밝혀진 총 12개의 마법의 수(2,6,8,14,20,28,34,48,50,78,82,126)를 '삼체수이론(입자의 궤도별 최대 허용 개수는 2^n개)'을 적용하여 아래의 도표에서와 같이 산출하였습니다.

표3

광소궤도(n)	1	2	3	4	5	6	
허용 광소 수(2^n)	2	4	8	16	32	64	
궤도1의 허용 핵자 수	2	마법의 수(2)					2
궤도1+2	6	마법의 수(6)					6
궤도1+2	6	마법의 수 (2+6)					8
궤도1+2+3	14	마법의 수(14)					14
궤도1+2+3	14	마법의 수 (6+14)					20
		마법의 수 (8+20)					28
		마법의 수 (14+20)					34
		마법의 수 (20+28)					48
궤도1+2+3+4	30	마법의 수 (30+20)					50
		마법의 수 (30+48)					78
궤도1+2+3+4+5	62	마법의 수 (62+20)					82
궤도1+2+3+4+5+6	126						126

〈요약정리〉

① 마리아 궤페르트 마이어(Maria Goeppert Mayer)는 '마법의 수'를 산출한 공로로 1963년에 노벨상을 수상하였습니다. 그러나 그녀가 증명한 마법의 수는 2,8,20,28,50,82,126의 7개 숫자였으며 이것은 전체 마법의 수 중에서 일부에 불과합니다.

② 삼체수이론에서는 현재까지 발견된 총 12개의 마법의 수를 표3에서 보는 것 같이 간단하게 산출할 수 있습니다.

4. 핵융합(핵분열)과 원소의 생성

마법의 수가 의미하는 것은 원자핵을 구성하는 핵자(양성자와 중성자)들도 원자핵을 공전하는 전자처럼 원자핵의 중심을 공전하는 궤도가 있으며 그 궤도별로 에너지 준위가 달라서 중성자가 외부에너지의 유입과 유출 시에 그 궤도의 사이를 에너지 준위에 맞추어서 이동한다는 것입니다. 이것은 전자가 외부에너지의 유출입 시에 전자궤도를 이전하는 것과 동일합니다. 즉, 전자가 원자들의 사이를 이동하면서 원자의 결합력을 증대시키듯이(공유, 이온, 금속 결합), 중성자가 원자핵의 사이를 이동하면서 원자핵의 결합력을 증대시키는 것입니다.

이러한 중성자의 역할로 인해 다음과 같이 핵융합과 새로운 원소의 생성을 가능하게 합니다.

철(Fe)보다 높은 원자 번호를 가진 원자는 그 원자핵이 분열할 때 에너지를 발생시키고, 철(Fe)보다 낮은 원자 번호를 가진 원자는 그 원자핵이 융합할 때 에너지를 발생시킵니다. 그러므로 핵분열과 핵융합 모두 막대한 에너지가 발생합니다.

핵융합 과정은 새로운 원소의 생성 과정이기도 한데 그것을 다음과 같이 설명해 드리겠습니다.

1   양성자와 양성자가 결합하면서 베타플러스붕괴가 발생합니다.

  $p+p=p+n+$양전자$+$광소3

2   위 결과에 중성자가 결합하면서 베타마이너스붕괴가 발생합니다.

  $p+n+$양전자$+$광소3$+n=p+n+$양전자$+$광소3$+p+$전자$+$음소3

3   위 결과에 전자$+$양전자는 전자/양전자 결합체가 되어 '허우주 공간'으로 소멸합니다.

  $p+n+$양전자$+$광소3$+p+$전자$+$음소3$=p+n+$광소3$+p+$음소3

4   위 결과에 중성자가 포획되고 핵융합이 발생합니다.

  $p+n+$광소3$+p+$음소3$+n=2(n+p)(=^4_2He)+$광소3$+$음소3

5   위 결과에 암흑에너지 음소2/음소2 결합체가 반응하여 암흑물질 음소2/광소3 결합체와 음소2/음소3 결합체가 되어 '허우주 공간'으로 소멸합니다.

  $2(n+p)(=^4_2He)+$광소3$+$음소3$+$음소2/음소2$=^4_2He$

즉, 새로운 원소의 생성은 핵융합 과정이며 베타플러스붕괴, 베타마이너스붕괴, 중성자 포획이 주된 과정입니다. 또한 그 과정이 그 순서대로 진행되며 나머지 두 과정은 부산물을 처리하여 암흑에너지와 암흑물질의 '허우주 공간'으로 보내면서 에너지를 방출하는 과정입니다.

그리고 핵분열 과정은 철(Fe)보다 원자 번호가 크면서 불안정한 수의 핵자를 가진 원소에서 4) 중성자 포획 과정이 발생한 후에 두 개의 원소로 쪼개지는 것을 말합니다.

그런데, 양자물리학에서는 핵융합의 과정을 아래와 같이 설명합니다.
아래의 내용은 위키피디아의 자료를 요약한 것입니다.

- p+p=p+n+양전자+전자 중성미자

위 결과에 양전자가 전자와 결합하여 소멸하고 아래만 남습니다.

- p+n+전자 중성미자

위 결과에 양성자가 결합합니다.

- p+n+전자 중성미자+p=^{32}He+전자 중성미자

이후 4가지 방법으로 $^4_2$He가 됩니다(이하 생략합니다).

양자물리학 설명 과정의 문제점은 다음과 같습니다.

- 앞에서 설명해 드린 것처럼 전자 중성미자의 스핀이 1/2이므로 좌우변 스핀의 합이 불일치합니다.
- 양자물리학은 부산물의 처리에 관하여는 전혀 신경을 쓰지 않습니다.

아마도 그들은 '자연이 알아서 처리해 주겠지.'라고 생각하는 것 같습니다. 그러나 자연은 쓰레기를 그냥 두는 법이 없습니다. 그들이 남겨 둔 부산물은 반드시 어떤 형태의 반응을 하여 그 부산물을 처리하고 결과치를 되돌려주는데 양자물리학은 그것을 처리할 능력이 없습니다.
그 이유는 그들이 입자의 메커니즘을 모르기 때문입니다.
앞에서 보듯이 그들은 전자 중성미자는 끝까지 처리하지 못하였으며 양전자

의 처리를 전자와 결합하여 소멸하는 방법으로 손쉽게 처리하였습니다. 그러나 전자도 결코 혼자 다니지 않는다는 것을 그들은 모르고 있습니다. 우주에서 홀로 다니는 입자는 없습니다. 모두 자기의 짝인 반입자와 함께 상호 공전하면서 다닙니다. 그래서 전자도 자기의 짝인 광소3과 함께 다닙니다. 그러므로 양전자를 전자와 짝지어서 처리하고 나면 광소3이 홀로 남습니다. 그광소3은 어떻게 처리할 것입니까?

그렇기 때문에 그들이 설명하는 과정은 오류인 것입니다.

마찬가지의 이유로 중성미자를 처리하지 못하고 있는 다른 과정도 불완전한 것입니다.

이와 같이 양자물리학의 대부분의 입자 반응 과정은 허점투성이입니다. 그들은 "닥치고 계산해(Shut Up and Calculate)!"라고 말합니다.

그들은 연역적 사고의 결과로 이론을 도출하지 않고 실험의 결과 수치만 맞으면 이론이 옳다고 간주합니다(귀납적 사고). 그러한 방법이 현대 문명과 기술의 발전에 큰 공헌을 한 것은 사실입니다. 그러나 기술은 기술이지 이론이 될 수 없습니다. 그리고 이론이 뒷받침되지 않는 기술은 그 발전에 한계가 있을 수밖에 없기 때문에 이론과 기술은 두 개의 수레바퀴처럼 함께 가야 하는 것입니다.

〈요약정리〉

양자물리학은 부산물의 처리에 관하여는 전혀 신경을 쓰지 않습니다.

그들이 남겨 둔 부산물은 반드시 자연에서 어떤 형태의 반응을 하여 그 부산물을 완벽히 (암흑에너지 또는 암흑물질로 만들어서 '허우주 공간'으로 보냅니다) 처리하고 결과치를 되돌려주는데, 양자물리학은 그것을 처리할 능력이 없습니다. 그 이유는 그들이 입자의 메커니즘을 모르기 때문입니다.

5. 입자의 대칭

모든 입자에는 그것과 대칭 관계에 있는 반입자가 존재합니다.

대칭(Symmetry)은 입자와 반입자의 형태가 서로 거울을 보는 것처럼 좌우만 다르고 형태는 같은 것을 말합니다.

현대물리학에서는 일반적으로 대칭(Symmetry)에는 세 가지 종류가 있다고 주장합니다.

즉, C(Charge)대칭, P(Parity)대칭, CP대칭(CPT대칭을 주장하는 사람도 있으나 논외로 하겠습니다)입니다.

양자물리학에서는 원래부터 모든 대칭 관계는 에너지 불변의 법칙이나 각운동량 보존의 법칙과 같이 어떠한 외부의 물리적 힘의 작용에도 불구하고 항상 유지되고 불변한다고 가정하였습니다. 그런데 지금은 그 대칭의 법칙에 위배되는 경우가 관찰되고 있으며 이것을 'Symmetry Violation'이라고 부릅니다.

그런데 현대물리학에서는 아직도 그 Symmetry Violation이 발생하는 이유를 밝혀내지 못하고 있습니다. 삼체수이론에서는 다음과 같이 그 이유를 설명할 수 있습니다.

Symmetry이론은 원래 입자와 반입자의 관계를 연구하면서 시작했습니다. 먼저 양전자와 전자의 대칭을 발견하였으며 이것은 전하만 반대이고 질량과 스핀이 모두 동일하였으므로 C(Charge)대칭이라고 이름을 붙였습니다. 삼체수이론의 관점에서 C대칭을 설명하면 다음과 같습니다.

양전자(광소2⁺)와 전자(광소2⁻)는 광음소1의 회전 방향이 양전자는 시계 방향이고 전자는 시계 반대 방향인 것 외에는 그 질량과 스핀($+1/2$)이 모두 동일합니다. 그러므로 그 둘은 거울처럼 좌우 회전 방향만 반대이고 다른 모든 것이 동일한 대칭 관계이며 이 관계는 항상 불변으로 유지됩니다.

그래서 C대칭은 불변의 법칙이 성립합니다. 처음에 현대물리학계에서 대칭 불변의 법칙에 대한 가정을 수립한 것도 C대칭을 일반화하였던 것이라고 생각합니다.

그러나 현대물리학은 P(Parity)대칭에서 다음과 같이 중대한 오류를 범합니다.

그것은 어떤 입자가 3차원 공간 좌표 P(x,y,z)에 위치하고 있다면 그것의 반입자는 P'(-x,-y,-z)에 위치할 것이라고 가정한 것입니다.

그러나 어떤 입자의 반입자 위치는 P'(-x,-y,-z)가 아닙니다.

그것이 성립하려면 절대위치인 O(0,0,0)가 원점으로 모든 입자에 적용되어야 하는데 절대위치는 빅뱅의 시작점 외에는 없으므로 모든 입자에 적용되는 절대위치는 없습니다. 그러면 할 수 없이 두 입자의 중간점 P''(x'',y'',z'')를 상대적 원점으로 삼아야 하는데 그렇다면 태초에 절대위치 O(0,0,0)의 근처에 위치한 입자와 반입자는 각각 복수 개의 입자와 반입자를 갖게 되는 모순이 발생합니다. 그러므로 어떤 입자의 반입자의 위치는 P'(-x,-y,-z)가 될 수 없습니다.

삼체수이론에서는 이것을 삼체수게임에서 이기는 경우의 세 개 수의 조합이 입자가 우주 공간에서 존재할 수 있는 좌표 P(x,y,z)에 해당한다고 설명합니다. 그리고 동일한 파장(2^n)을 갖는 2^n개의 입자그룹의 중간을 이등분하여 좌우 대칭으로 거울처럼 마주 보는 위치의 입자들끼리 입자-반입자 관계를 가진다고 설명합니다(표1, 표2를 참조하시기 바랍니다), 이것이 삼체수이론에서 말하는 P대칭 반입자입니다.

그런데 삼체수이론의 P대칭 반입자는 입자와 스핀이 절댓값은 같지만 그 부호가 다릅니다(C대칭 반입자는 전하만 반대이고 스핀은 부호와 값이 동일합니다). 그리고 예를 들자면 표2에서 서로 입자-반입자 관계인 숫자(입자,광소) 5와 숫자(입자,광소) 6을 보면 스핀이 각각 2/2와 -2/2인 것처럼 스핀의 절댓값은 같고 부호는 다른 것임을 알 수 있습니다. 앞에서 설명한 것처럼 광소5는 밑면이 정5각형이고 광소6은 밑면이 정6각형인 다각형 뿔입니다. 그러므로 P대칭 입자-반입자인 광소5와 광소6은 좌우가 동일한 형태가 아니므로 Symmetry가 일치할 수가 없습니다.

결론적으로 말씀을 드리자면 C대칭 반입자는 Symmetry가 보존되며(좌우가 완전히 대칭의 형태이므로), P대칭 반입자는 Symmetry가 보존되지 않습니다(좌우의 형태가 다르므로). 그러므로 모든 반입자의 Symmetry가 보존된다는 가설 자체가 처음부터 오류였던 것입니다.

양자물리학은 광소의 개념을 모르기 때문에 그들의 오류는 당연하다고 볼 수도 있겠습니다.

삼체수이론의 방법으로 다음과 같이 양성자의 CP대칭을 설명하겠습니다.

양성자=광소2$^+$(1/2)+음소2(1/2)+광소3(-1/2)=1/2(괄호 안 스핀의 합)

CP대칭=광소3$^-$(-1/2)+음소3(-1/2)+광소2(1/2)=-1/2(괄호 안 스핀의 합)

　　　=광소3(-1/2)+음소3(-1/2)+광소2-(1/2)=-1/2(괄호 안 스핀의 합)

(광소3은 전하가 없으므로 광소3의 -전하를 광소2의 -전하로 옮김)

위에서 보는 것처럼 양성자의 스핀의 합(1/2)이 CP대칭 반입자에서는 -1/2로 변하였음을 알 수 있으며 이것은 질량의 변화를 의미합니다. 그러므로 Symmetry가 보존되지 않습니다.

다음에서 기본입자와 그 P대칭 반입자를 설명하겠습니다.

음소2(양자물리학에서는 '전자 중성미자'라고 부름)=스핀1/2

P대칭 반입자('전자 중성미자 반입자')=음소3=스핀-1/2

음소4(양자물리학에서는 '뮤온 중성미자'라고 부름)=스핀1/2

P대칭 반입자('뮤온 중성미자 반입자')=음소7=스핀-1/2

음소8(양자물리학에서는 '타우 중성미자'라고 부름)=스핀1/2

P대칭 반입자('타우 중성미자 반입자')=음소15=스핀-1/2

150

이어서 현대물리학에서 아직 발견되지 않고 있는 '제4세대 전자 중성미자'를 소개하겠습니다. 그것을 저는 'E4 중성미자'라고 부르겠습니다.

음소16(E4 중성미자)=스핀1/2
P대칭 반입자('E4 중성미자 반입자')=음소31=스핀-1/2

그리고 복합입자인 제2, 제3, 제4세대 전자를 삼체수이론 방식으로 각각 표현하면 아래와 같습니다(괄호 안은 스핀).

제2세대 전자(뮤온)(1/2) =전자(-광소2)+뮤온 중성미자(음소4)+광소3
$$=(1/2)+(1/2)+(-1/2)=(1/2)$$
제3세대 전자(타우)(1/2) =전자(-광소2)+타우 중성미자(음소8)+광소3
$$=(1/2)+(1/2)+(-1/2)=(1/2)$$
제4세대 전자(E4)(1/2) =전자(-광소2)+E4 중성미자(음소16)+광소3
$$=(1/2)+(1/2)+(-1/2)=(1/2)$$

양자물리학에서는 뮤온과 타우를 전자처럼 기본입자로 인식하고 있으며 과거에는 파울리의 영향을 받아서 중성자와 양성자도 복합입자가 아니라 기본입자라고 주장하였습니다. 그리고 현재도 중성자와 양성자의 속에 전자와 양전자가 있다는 사실을 인정하지 않고 업쿼크와 다운쿼크들로 구성되어 있다고 주장합니다. 그러나 삼체수이론에서는 중성자와 양성자는 전자와 양전자를 포함한 5개의 기본입자 중에서 3개의 조합으로 구성되어 있음을 입증할 수 있습니다.

〈요약정리〉
C대칭 반입자는 Symmetry가 보존되며(좌우가 완전히 대칭의 형태이므로), P대칭 반입자는 Symmetry가 보존되지 않습니다(좌우의 형태가 다르므로). 그러므로 모든 반입자의

Symmetry가 보존된다는 양자물리학의 가설 자체가 처음부터 오류였던 것입니다.

양자물리학은 광소의 개념을 모르기 때문에 오류를 범할 수밖에 없습니다.

양자물리학은 아직도 Symmetry가 보존되지 않는(Symmetry붕괴) 이유를 모릅니다. 그렇기 때문에 여러 가지 오류를 낳는 것입니다.

6. 힘

양자물리학에서는 우주에 존재하는 힘의 종류를 중력, 전자기력, 약한 상호작용, 강한 상호작용의 4가지로 구분하고 있으며 중력을 제외한 3가지 힘을 통합하였다고 주장하고 있습니다.

반면에 아인슈타인은 약한 상호작용, 강한 상호작용을 인정하지 않았으며 사망할 때까지 중력과 전자기력을 통합하는 '통일장이론'을 완성하기 위하여 노력하였으나 뜻을 이루지 못했습니다.

저는 먼저 양자물리학이 주장하는 약한 상호작용과 강한 상호작용의 오류를 밝히고 우주에 존재하는 3가지 힘(중력, 전자기력, 음력)을 통합하는 '통일장이론'을 설명해 드리도록 하겠습니다.

현대물리학은 원자가 중성자, 양성자, 전자로만 구성되어있다고 생각하며 양성자와 중성자의 내부와 외부를 우주의 기본 5요소(입자)가 상호작용을 한다는 사실을 모르기 때문에 힘에 관하여 잘못된 판단을 하고 있으며 아인슈타인의 염원이었던 중력을 아우르는 통일된 이론을 도출하지 못하고 있습니다. 아래에서 삼체수이론의 관점에서 힘에 관한 양자물리학 이론의 잘못된 점을 지적하도록 하겠습니다.

1) 약한 상호작용

'약한 상호작용(Weak Interaction)'의 개념은 1933년에 페르미(Enrico Fermi)가 베타붕괴의 과정을 설명하기 위해 고안한 것을 현대물리학에서 입자가속기를 사용한 실험 결과 등을 통하여 더욱 발전시킨 것입니다.

앞에서 베타마이너스붕괴와 베타플러스붕괴를 설명하면서 이미 양자물리학의 오류를 지적하였습니다.

약한 상호작용은 베타마이너스붕괴와 베타플러스붕괴 후에 발생하는 에너지를 W^-와 W^+입자가(나중에는 Z입자도 추가합니다) 매개한다고 주장하는 양자물리학이 고안한 힘입니다.

양자물리학에서 '약한 상호작용'을 생각하게 된 이유는 원자핵 내 양성자끼리의 척력 때문에 원자핵이 붕괴될 것이라는 추측을 하게 됐기 때문입니다.

그러나 삼체수이론에서는 원자핵은 물질의 기본 5요소인 '광소2^+, 광소2^-, 음소2, 광소3, 음소3'의 상호작용에 의한 결합체입니다. 그리고 양성자 내에 있는 양전자는 양성자의 주위를 회전하는 전자의 운동에 따라 모멘텀이 바뀌며, 각각의 양성자 주위를 회전하는 각각의 전자의 회전 운동 모멘텀이 다르며, 각각의 양성자 내에 있는 각각의 양전자 모멘텀도 서로 다르기 때문에 동일한 척력이 작용하지 않고 오히려 인력이 작용하는 경우도 발생되어 서로 상쇄되는 경우가 많이 발생할 것입니다.

그러므로 원자핵 내 양성자끼리의 척력은 무시해도 좋을 것입니다.

그리고 중성자와 양성자의 주위를 회전하는 입자는 전자 외에 음소2, 광소3, 음소3과 같은 입자가 더 있으므로 이들 간에 작용하는 중력의 메커니즘에 따라 전체적으로 안정 상태를 이루게 됩니다. 3개 이상의 입자 사이에 발생하는 상호 간의 중력에는 푸앵카레가 증명한 삼체문제 때문에 인간의 대수적 방법으로는 계산이 불가능한 카오스현상이 발생하며 이러한 문제는 카오스이론이기도 한 삼체수이론의 접근법으로 해결이 가능합니다.

그 예가 원자핵을 안정시키는 핵자 수(양성자 수와 중성자 수의 합)인 '마법의 수'의 증명입니다.

앞에서 설명했듯이 원자핵의 주위를 공전하는 전자의 궤도를 안정시키는 궤도별 '최외각 전자의 허용 수'가 있으며 그 허용 수 이상의 전자는 '자유전자'로 원자들 사이를 돌아다니는데, 이러한 전자의 역할 때문에 금속 물질이 안정적으로 결합합니다(금속 결합).

마찬가지로 원자핵을 이루는 핵자(중성자와 양성자)들도 원자핵의 중심점을 공전하면서 원자핵을 안정하게 하는 궤도별 '최외각 핵자 허용 수'가 있는데, 그 궤도별 허용 수 중에서 외각의 두 개 또는 세 개 수의 합이 앞에서 설명한 '마법의 수'입니다.

그 수 이외의 핵자 수를 가진 원자핵은 불안정한데(그래서 쉽게 베타붕괴를 합니다), 그래도 단기적으로라도 결합을 유지하고 있는 이유는 마법의 수를 초과한 수에 해당하는 중성자가 '자유중성자'가 되어 핵자들 사이를 돌아다니면서 핵자들을 결합해 주기 때문입니다.

베타붕괴가 발생하면 먼저 중성자(음의 베타붕괴) 또는 양성자(양의 베타붕괴)가 붕괴되어 결합되어있던 기본입자 3개가 모두 분리됩니다. 그러므로 음의 베타붕괴이든지 양의 베타붕괴이든지 모두 기본입자 5개가 서로의 주위를 회전하는 상태가 됩니다. 그 이후는 다시 중성자 또는 양성자가 생성되며 그 과정에서 각각 입자의 충돌로 인하여 극히 순간적으로 각종 복합입자들이 생성되었다가 즉시 사라집니다. 즉시 소멸하는 이유는 양성자와 중성자가 아닌 복합입자는 불안정하기 때문입니다.

아래는 양자물리학에서 '약한 상호작용'의 매개입자라고 주장하는 3가지 입자입니다(괄호 안은 스핀).

W^+**보존**=양전자(광소2+)(1/2)+음소2(1/2)=(+1)(전하=+1)

W^-보존=전자(광소2-)(1/2)+음소2(1/2)=(+1)(전하=-1)

Z보존=양전자(광소2+)(1/2)+전자(-광소2)(1/2)=(+1)(전하=0)

삼체수이론의 '입자주기율표'를 사용하면 위와 같이 모든 입자의 충돌 전후 상황을 정확하게 파악할 수 있습니다. '원소주기율표'가 없으면 화학반응의 과정을 파악할 수 없듯이 '입자주기율표'가 없으면 입자충돌의 과정을 파악할 수 없습니다. 막대한 금액의 건설비와 운용비를 필요로 하는 입자가속기를 운영하는 현대 양자물리학계가 그것의 효용을 극대화할 수 있는 유일한 방법은 삼체수이론의 '입자주기율표'를 사용하는 것입니다.

상기의 W^+, W^-, Z입자들은 중성자 또는 양성자의 베타붕괴 시에 중성자 또는 양성자의 결합이 해체되고 5개의 기본입자(광소2⁺, 광소2⁻, 음소2, 광소3, 음소3)들이 충돌할 때, 순간적으로 발생할 수 있는 복합입자들 중에서 현재 물리학의 기술 수준에서 검출할 수 있는(전하를 띠고 있는 양전자 또는 전자 또는 그들과의 결합체만 검출 가능합니다) 2개 또는 3개의 기본입자가 결합된 복합입자들 중의 일부입니다.

그 중에 Z입자는 서로가 'C대칭 반입자'인 양전자(광소2+)와 전자(광소2-)의 결합이므로 충돌 직후에 '쌍소멸(양자물리학에서의 표현이며 삼체수이론에서는 소멸하지 않고 위치가 '실우주 공간'에서 '허우주 공간'으로 이전된다고 설명합니다)'하여 '허우주 공간'으로 위치가 이전되어 암흑에너지가 됩니다.

향후 현대물리학의 검출 기법이 발달하면 더욱 많은 수의 복합입자가 검출될 것입니다. 그러나 그 중에서 안정된 결합을 이루는 것은 중성자와 양성자밖에 없으며 그 외의 모든 복합입자는 순간적으로 발생하였다가 즉시 해체되거나 반입자들끼리의 충돌이면 암흑물질 또는 암흑에너지가 되어 '허우주 공간'으로 그 위치가 이전됩니다.

위에서 보는 것처럼 뮤온, 타우, W^+, W^-, Z는 모두 복합입자인데도 양자물리학에서는 표준모델(Standard Model)에서 기본입자(Elementary Particle)로 분류하고 있습니다.

그러므로 양자물리학에서 약한 상호작용의 매개입자라고 주장하는 W^+, W^-, Z는 기본입자도 아니며 약한 상호작용을 매개하지도 않습니다. 그것들은 극히 순간적으로 생성되었다가 사라지는 불안정한 복합입자이므로 결코 힘의 전달 수단이 될 수 없습니다. 모든 힘의 전달은 '광음소1'에 의해서만 이루어집니다(차후에 자세히 설명해 드립니다).

2) 강한 상호작용

양자물리학에서 강한 상호작용(Strong Interaction)을 주장하는 이유는 양성자와 중성자는 각각 세 개의 쿼크들로 구성되어 있는데 그것들의 결합력이 전자기력의 137배 정도로 강력하다는 것입니다.

중성자는 양전자와 전자와 음소3의 결합체이며 그 주위를 음소2와 광소3이 회전합니다. 그리고 양성자는 양전자와 음소2와 광소3의 결합체이며 그 주위를 전자와 음소3이 회전합니다.

이처럼 핵자는 기본입자 5개가 모두 참여하여 전체적으로 안정된 운동 모멘텀을 가진 복합입자 시스템입니다. 그 입자들의 상호 공전 운동 모멘텀이 그들 결집력의 원천이지 그들 사이에 존재하는 매개입자 때문이 아닙니다.

중성자나 양성자의 내부에는 위의 기본입자 5개 중에서 각각 3개씩이 있으며 이 외에는 아무것도 있을 수 없습니다.

만약 양자물리학의 주장대로 글루온(스핀=1)이 있다면 중성자나 양성자의 스핀은 글루온의 스핀까지 합해서 3/2이 되어야 하기 때문입니다.

그리고 '강한 상호작용'을 매개한다고 하는 글루온(Gluon)의 존재도 불확실하며 그 존재가 증명된다고 하더라도, W^+, W^-, Z의 경우와 같이 극히 순간적으로 발생했다가 사라지는 입자가 안정적으로 계속 존재하는 입자들 간의 힘을 매개한다는 것은 불가능합니다.

모든 힘의 매개자는 '광음소1'뿐이며 그것만으로도 모든 힘의 전달을 설명할 수 있습니다(차후에 자세히 설명합니다).

〈요약정리〉

① 양자물리학에서 '약한 상호작용'을 생각하게 된 이유는 원자핵 내 양성자끼리의 척력 때문에 원자핵이 붕괴될 것이라는 추측을 하게 됐기 때문입니다. 그러나 원자핵은 물질의 기본 5요소인 '광소2^+, 광소2^-, 음소2, 광소3, 음소3'의 상호작용에 의한 결합체이며 그들 간의 복합적인 운동 모멘텀에 의하여 원자핵이 안정적으로 결합하는 것이므로 원자핵 내 양성자끼리의 척력은 무시해도 좋을 것입니다. 그리고 양자물리학에서 약한 상호작용의 매개입자라고 주장하는 W^+, W^-, Z는 기본입자도 아니며 약한 상호작용을 매개하지도 않습니다. 그것들은 극히 순간적으로 생성되었다가 사라지는 불안정한 복합입자이므로 결코 힘의 전달 수단이 될 수 없습니다.

② '강한 상호작용'을 매개한다고 하는 글루온(Gluon)의 존재도 불확실하며 그 존재가 증명된다고 하더라도 W^+, W^-, Z의 경우와 같이 극히 순간적으로 발생했다가 사라지는 입자가 안정적으로 계속 존재하는 입자들 간의 힘을 매개한다는 것은 불가능합니다.

7. 자석

자석은 아무리 분리하여도 항상 N극과 S극이 정반대 쪽에 생성됩니다.
양자물리학은 아직도 자석의 그러한 성질을 설명하지 못하고 있습니다.
그러한 자석의 메커니즘은 단지 자석의 문제뿐만 아니라 힘의 메커니즘을 설명하는 중요한 열쇠이므로 지금 설명을 드리도록 하겠습니다.

1) 자성체

자성체는 강자성체, 상자성체, 반자성체로 나뉩니다.
양자물리학은 자석뿐만 아니라 자성체에 대한 이해도 부족합니다.

(1) 강자성체

강자성체는 외부 자기장의 영향을 받으면 물체에 있는 모든 전자 속 광음소1의 회전 방향(자체 궤도)이 **중력장에 일치하는 방향으로**(무게 중심점을 기준으로 한 광음소1의 회전방향으로) 배열합니다. 그리고 강자성체 내부 전자 속의 광음소1은 이러한 자체 궤도의 회전 방향을 기억하기 때문에 물체가 특정 온도 이상으로 가열되거나 다른 외부 자기장의 영향을 받지 않으면 이러한 배열현상은 외부 자기장의 영향을 받은 자성체 내부 전자 모두에게 발생할 뿐만 아니라 그 효과도 지속적입니다. 그러므로 자기장의 영향력이 사라진 뒤에도 강자성체는 자성을 띠게 됩니다.

(2) 상자성체

상자성체는 상기의 강자성체와는 달리 상자성체 내부에 있는 일부 전자 속의 광음소1이 강자성체와 같은 배열을 하지만 그 회전 방향을 기억하지 않기 때문에 외부 자기장의 영향력이 계속될 때는 **중력장에 일치하는 방향**으로 배열하였다가 외부 자기장의 영향력이 사라지면 원래의 방향으로 복귀합니다. 그러므로 외부 자기장의 영향력이 사라지면 더 이상 자성을 띠지 않습니다.

(3) 반자성체

반자성체는 상기의 두 자성체와는 달리 반자성체 내부 전자 속의 광음소1이 외부 자기장의 영향력을 전혀 받지 않습니다.

그러면 이 반자성체에 강한 자석을 가져가면 어떻게 될까요?

강한 자석의 표면에 있는 모든 전자 속 광음소1의 자체 궤도 회전 방향은 모두가 시계 반대 방향이며 중력장에 일치하는 방향으로 정렬되어 있고 맞은편의 반자성체 표면에 있는 전자 속 광음소1의 자체궤도 회전 방향은 시계 반대 방향으로 배열합니다.

그러므로 상기 자석의 무게 중심점에서 양쪽 표면에 있는 전자 속 광음소1의 회전 방향을 보면 반자성체 표면에 있는 전자 속 광음소1의 회전 방향과 그 반자성체의 표면과 마주하는 이쪽 자석의 표면에 있는 전자 속 광음소1의 회전 방향은 항상 시계 반대 방향이 되어 서로가 일치하게 됩니다. 그렇기 때문에 서로 같은 극이 되어 서로 밀치는 힘이 발생합니다.

2) 자석

강자성체를 강한 자기장의 영향권에 두면 자석이 됩니다.

자석의 무게 중심점에서 볼 때, 한쪽 끝의 표면에 있는 전자 속 광음소1의 회전 방향과 그 반대쪽 끝의 표면에 있는 전자 속 광음소1의 회전 방향은 항상 반대 방향이 되므로 항상 서로가 반대의 극이 되어 자석을 아무리 분리하여도 항상 한쪽 끝은 N극이 되고 그 반대쪽 끝은 S극이 됩니다.

그러므로 단극 자석은 있을 수 없습니다.

> **〈요약정리〉**
>
> 자석의 본질을 규명함으로써 **중력장의 방향은 물체의 무게 중심점에서 나오는 힘의 방향**이라는 사실을 알 수 있으며 동시에 중력이 전자 속 광음소1의 회전 방향을 결정한다는 사실로부터 중력과 전자기력이 광음소1을 매개로 한다는 사실을 알 수 있습니다.

8. 통일장

아인슈타인은 모든 힘을 공통적으로 설명할 수 있는 '통일장' 원리를 완성하려고 노력하였습니다.

'통일장'에서의 '장(Field)'은 '힘이 미치는 공간'을 말합니다.

빅뱅의 원점인 '광음소1'이 움직여서 파동을 생성하고, 그 파동은 힘을 생성하고, 그 힘은 에너지를 생성하고, 그 에너지는 물질을 생성하고, 그 물질에서 다시 파동이 생성되는 과정을 반복함으로써 우주가 성장하는 것입니다.

그러므로 힘은 '파동의 진폭의 크기'라고 정의할 수 있으며 힘은 진폭의 크기의 제곱에 비례합니다.

앞에서 전자 속 광음소1의 회전 방향이 중력장의 방향에 일치하는 경우도 있고 전자기장의 방향에 일치하는 경우도 있음을 알았습니다.

이것은 모든 입자 속에 내재하는 광음소1의 움직임이 서로 다른 종류의 힘에 공통적으로 관련이 있다는 증거입니다.

그렇기 때문에 모든 힘은 모든 입자 속에 공통적으로 내재하는 광음소1이 매개한다는 것을 알 수 있습니다.

광음소1의 질량은 우주 최소의 질량 m1이며, 반지름은 우주 최소의 거리 r1이며, 전하와 스핀은 0입니다. 그리고 광음소1은 빅뱅 이전부터 생성되어 우주 전역을 가득 메웠으며 우주에서 광음소1이 위치하지 않은 공간은 없습니다.

그러므로 '장'은 '힘을 발생시킨 파동의 진폭의 크기가 광음소1의 진폭의 크기로 대체된 공간'이라고 설명할 수 있습니다.

파동은 다음과 같이 3가지로 분류할 수 있습니다.

- **중력파**

광음소1의 움직임에서 발생하는 파동입니다.

- **전자기파**

양전자(광소2$^+$)와 전자(광소2$^-$)또는 그 결합체(광소n)의 움직임에서 발생하는 파동입니다. 빛은 '광소들의 집합체'이므로 전자기파입니다

- 음파

음소2 또는 그 결합체(음소n)의 움직임에서 발생하는 파동입니다.

앞에서 설명한 것처럼 이 3가지 파동이 시작하는 원점에서 힘이 발생하며 이것을 각각, 중력, 전자기력, 음력이라고 하며 그 힘들이 미치는 공간을 각각 중력장(Gravity Field), 전자기장(Electromagntic Field), 음장(Acoustic Field)이라고 하며 이에 대해 다음과 같이 설명하겠습니다.

1) 중력장

질량을 가진 모든 물질은 중력파를 발생시킵니다. 중력파는 광음소1의 움직임이며 광음소1 자신이 중력의 전달자입니다. 모든 광음소1의 파장은 동일하므로 모든 위치의 광음소1은 3차원 공간 주위의 모든 물질에서 발생한 광음소1의 파동과 공진하여 그 진폭이 증가합니다.
물체의 무게 중심점이 중력장의 발생 시작점이 됩니다.

2) 전자기장

전자기파는 물체에서 생성됩니다. 모든 파동은 그 파장의 크기(길이) 내에 있는 광음소1에게만 그 힘을 전달하여 그 광음소1의 진폭을 변경시킵니다. 그런데 빛은 전자기파이므로 전기장과 자기장이 교대로 힘을 발생시키면서 파장의 크기 바로 바깥에 있는 거리의 광음소1에도 새로이 발생한 자기장 또는 전기장의 힘이 도달하게 되므로 계속하여 진행할 수 있습니다. 그러므로 매개물질이 없어도 진행할 수 있습니다. 그리고 파동의 진폭의 크기만큼 광음소1의 진폭이 3차원 우주 공간에 형성되는데 이것이 전자기장입니다.

3) 음장

음파도 전자기파와 마찬가지로 파장의 크기(길이) 이내에 위치한 광음소1에만 그 힘을 전달하여 그 진폭을 변경시킵니다. 그런데 전자기파와는 달리 그 범위 내에 입자가 있어야만 음파가 그 입자의 내부에 있는 음소2또는 그 결합체(음소n)에 에너지가 전달되어 새로운 파동(음파)이 생성됩니다. 그러므로 발생된 음파의 파장의 크기 이내에 어떠한 입자(음소2 또는 그 결합체)도 없으면 음파의 발생과 힘의 전달은 중단됩니다. 그래서 진공 상태에서는 음파가 전달되지 않기 때문에 음파의 전달에는 매질이 필요하다고 하는데 엄밀히 말해서 이러한 설명은 잘못된 것이며 특정 음파 파장의 크기 이내에 입자(음소2 또는 그 결합체)가 없으면 그 음파의 생성이 안 되므로 광음소1로 힘의 전달이 중단되어서 그 음파가 더 이상 진행하지 못하는 것입니다. 그러므로 음파 역시 그 힘의 전달자는 광음소1이며 그 이외에 음파의 힘을 전달하는 다른 매질은 없습니다.

음파는 반드시 두 개의 물체가 충돌해야 생성됩니다.

위 설명과 같이 우주에는 힘을 전달하는 공간인 3가지 종류의 장으로 중력장, 전자기장, 음장이 있으며 그 세 가지 모두 힘의 전달자는 광음소1입니다.

> **〈요약정리〉**
> 우주에는 힘을 전달하는 공간으로 중력장, 전자기장, 음장이 있으며 전부 힘의 전달자는 광음소1이며 이것이 아인슈타인이 염원하던 '통일장이론'입니다.

9. 이중-슬릿 실험

이중-슬릿 실험(Double Slit Experiment)은 원래는 빛의 입자성과 파동성을 규명하기 위한 목적으로 행해진 실험입니다.

현대물리학에서 이중-슬릿 실험의 주요 논점은 '외부에서 관찰할 때와 하지 않을 때의 실험 결과 차이를 어떻게 설명하는가'입니다. 즉, 관찰을 하지 않을 때는 간섭현상이 발생하고, 관찰을 할 때는 간섭현상이 발생하지 않는 이유에 대한 설명 문제로 압축할 수 있습니다.

이 문제에 관하여 아인슈타인과 양자이론 물리학자들이 대립하였으며 1935년에 아인슈타인, 포돌스키-로젠이 「물리적 실재에 대한 양자 물리학적 기술은 완전하다고 할 수 있는가?」라는 제목의 논문을 통해 양자물리학의 문제점을 부각시키려고 한 소위, 'EPR 패러독스(Paradox)' 논쟁을 야기하였습니다.

'EPR 패러독스(Paradox)'를 통한 아인슈타인의 주장을 요약하면, 실재성(Reality)과 국지성(Locality)을 동시에 충족하면서 이 문제를 설명할 수 있는 숨은 변수(Hidden Variables)가 있을 수 있으므로 양자물리학은 불완전하다는 것입니다.

실재성과 국지성을 쉽게 설명하면, 물질이 입자의 상태로 동시에 두 개의 슬릿을 통과할 수 있느냐는 논쟁으로 압축할 수 있으며 양자물리학은 입자가 동시에 두 개의 슬릿을 통과할 수 있다는 입장이며 아인슈타인은 그 반대입니다.

다음에 삼체수이론의 관점에서 아인슈타인이 요구하는 실재성과 국지성을 동시에 충족하면서, 즉 물질(입자)이 동시에 한 개의 슬릿(slit)만 통과하면서도 이중-슬릿 실험의 결과를 설명하겠습니다(위 실험을 전자를 한 개씩 이중-슬릿으로 통과시킨 경우를 예로 들겠습니다).

앞에서 설명해 드렸듯이 모든 물체는 입자성과 파동성을 번갈아 지닙니다. 입자가 다른 입자를 충돌하는 순간에는 입자성을 지니며 그 외에는 파동성을 지닙니다. 그러므로 다른 입자와 충돌하는 순간의 위치가 오히려 파동의 시작 원점이 되는 것입니다.

'이중-슬릿 실험'에서는 상기와 같은 사실(입자성, 파동성)을 아는 것이 가장 중요합니다.

1) 외부에서 관찰하지 않는 경우

이때는 간섭현상이 나타납니다. 그 이유는 다음과 같습니다.

전자가 슬릿의 틈에 부딪칠 때가 전자의 파동 시작 시점이며 슬릿의 틈이 파동의 시작 원점이 됩니다. 그리고 두 개의 슬릿을 연결한 직선이 파동의 진행 방향과 직교하므로 결맞음(Coherence)이 발생합니다. 파동은 입자의 경로를 안내하는 길잡이 역할을 하므로 파동의 진폭은 입자가 그 길을 선택하는 확률로 작용합니다. 그러므로 전자가 시간차를 두고 양쪽의 슬릿을 통과하더라도 어떤 지점에 대한 입자의 출현 확률은 동시에 양쪽 슬릿을 입자가 통과한 것과 마찬가지로 합해집니다. 이것은 파동이 동시에 간섭하여 진폭이 증가하는 공진(Resonance)현상과 동일합니다. 그러므로 물질(입자)이 동일 시점에 양쪽 슬릿을 통과하지 않더라도 물질(입자)이 생성한 파동이 결맞음 상태면 간섭이 발생한다는 것을 설명할 수 있습니다.

결맞음(Coherence)이란?

두 개 파동의 파장이 같고 진행 방향이 같으면 두 개의 파동은 그 진폭이 합쳐지면서 한 개의 파장이 됩니다. 이것을 공진(Resonance)현상이라고 하며 공진하는 두 개 파동의 상태를 결맞음이라고 합니다. 두 개 파동의 원점을 연결하는 직선과 파동의 진행 방향이 모두 직각이면 두 파동의 진행방향은 동일합니다.

2) 외부에서 관찰하는 경우

외부에서 관찰한다는 것은 해당 슬릿에 빛을 조사하여 그 지점에서 반사되어 나오는 빛을 감지하고 실험의 결과를 판단하는 것입니다.

슬릿을 통과한 전자가 빛의 입자와 충돌하면 전자의 진로가 바뀌게 됩니다.

그러므로 양쪽의 슬릿에서 각각 생성된 파동이 결어긋남(Decoherence)이 발생하여 파동의 공진도 발생하지 않고 특정 지점에 입자의 출현 확률이 증가하지도 않습니다. 그러므로 간섭현상이 발생하지 않습니다.

이와 같이 삼체수이론의 관점에서 아인슈타인이 요구하는 실재성과 국지성을 동시에 충족하면서, 즉 물질(입자)이 동시에 한 개의 슬릿(slit)만 통과하면서도 이중-슬릿 실험의 결과를 설명할 수 있습니다.

그런데 아인슈타인의 사망 후, 1964년에 존 스튜어트 벨(John Stewart Bell)이 '벨 테스트'를 통하여 아인슈타인의 주장을 반박하였으며 양자물리학계는 지금까지 '벨 테스트'를 지지하고, 아인슈타인의 주장을 배격하고 있습니다. 그 이유는 벨을 포함하여 양자물리학계가 편광에 관한 지식이 부족하기 때문입니다. 아래에서 그들의 오류를 지적하도록 하겠습니다.

〈요약정리〉

모든 물체는 입자성과 파동성을 번갈아 지닙니다. 입자가 다른 입자를 충돌하는 순간에는 입자성을 지니며 그 외는 파동성을 지닙니다. 그러므로 다른 입자와 충돌하는 순간의 위치가 오히려 파동의 시작 원점이 되는 것입니다.

이 사실을 활용하면 아인슈타인이 요구하는 실재성과 국지성을 동시에 충족하면서도, 즉 물질(입자)이 동시에 한 개의 슬릿(slit)만 통과하면서도 이중-슬릿 실험의 결과를 설명할 수 있습니다.

10. 편광

1) 입자의 중첩

한 개의 입자가 동시에 3차원 공간상의 여러 위치에 존재하는 것을 입자의 중첩(Superposition)이라고 합니다.

양자물리학은 이러한 중첩이 발생하는 이유를 모르고 있습니다.

'중첩'을 설명하기 위해 제2편에서 설명해 드린 내용을 다시 말씀드리겠습니다.

‖ '1구 1점의 원칙'(필자가 명명하였습니다)

우주 공간의 어느 한 점에서 반지름 R(R은 양의 정수)의 구(공)를 그리면 그 구의 표면에 위치한 좌표점(x,y,z)는(x, y, z는 양의 정수이며 순서가 다른 x, y, z는 모두 한 점으로 간주합니다) 한 개밖에 없습니다. 순서가 다른 좌표(x,y,z)는 총 6개(3!=6)입니다.

(x,y,z), (x,z,y), (y,x,z), (y,z,x), (z,x,y), (z,y,x)

입자가 파동의 상태일 때는 순서는 다르지만 모두가 x, y, z의 조합으로 구성된 6개의 좌표점(x,y,z) 모두의 위치를 파동은 동시에 점유할 수 있습니다.

그러나 그 중의 어느 한 위치에서 다른 입자와 충돌하여 입자성이 발현된 순간에는 그 위치를 제외한 다른 5개의 위치에는 입자가 존재할 수 없습니다.

그러므로 동시에 여러 곳에 존재할 수 있는 것은 파동이지 입자가 아닌 것입니다. 단지 입자는 파동의 상태로 있는 동안에 여러 곳에 존재할 수 있는 가능성(확률)만 확보하고 있는 것입니다.

이것을 양자물리학은 입자의 중첩이라고 표현합니다.

그러나 엄밀히 말하면 입자의 중첩이 아니라 파동의 중첩인 것입니다.

입자는 실재(Reality) 중첩하는 것이 아니라 가능성(확률)으로만 중첩하는 것입니다.

양자물리학은 확률로 중첩하는 것은 알면서도 실재 중첩하는 것은 입자가 아니라 파동이라는 사실을 모르고 있는 것입니다.

즉, '파동은 입자의 길잡이'라는 중요한 사실을 모르는 것입니다.

2) 편광

빅뱅 시작 시점의 한 점인 광음소1을 '빛 알갱이'(광소n)라고 가정해 보겠습니다. 이 광음소1이 우주 3차원 공간을 '자기 복제'하면서 우주 전역으로 확산해 나가면서 우주를 형성하였듯이 '빛 알갱이'도 마찬가지로 자기 복제하면서 전진합니다. '빛 알갱이' 하나가 R거리를 진행하면 R2개의 '빛 알갱이'가 복제됩니다.

‖ 'R²의 원칙'(필자가 명명하였습니다)

우주 공간의 어느 한 점에서 반지름 R-1과 반지름 R(R은 양의 정수)의 구(공)를 그리면 그 두 개의 구 사이에는 서로 다른 좌표점(x,y,z)을 통과하는 구의 개수가 R²개입니다(x, y, ,z는 양의 정수).

상기의 두 원칙('1구 1점의 원칙'과 'R²의 원칙')으로 인하여 '에너지(질량) 보존의 법칙'과 '힘의 세기는 거리의 제곱에 반비례 한다'는 물리원칙이 성립합니다.

위의 '빛 알갱이' 파동은 매 순간 6개의 위치, 정수 좌표점(x,y,z)를 동시에 점유하고 '빛 알갱이'의 입자는 매 순간 6개의 위치 정수 좌표점(x,y,z)를 점유할 수 있는 가능성(확률)을 확보하고, 3차원 공간을 자기 복제 방법으로 확산하면서 주어진 방향으로 전진하는 것입니다.

3차원 공간을 4등분할 때 제1사분 공간의 구 표면을 생각해 보면 이 표면을 6개의 원둘레로 나눌 수 있습니다.

위 '빛 알갱이'의 파동은 매 순간 이 6개의 원둘레를 동시에 점유하고 '빛 알갱이'의 입자는 매 순간 이 6개의 원둘레를 동시에 점유할 수 있는 가능성을 확보하는 것입니다.

이렇게 '빛 알갱이'의 파동 또는 입자가 원(진행하는 속도 때문에 타원이 됩니다)을 그리면서 진행하는 현상을 '편광현상(Polarization)'이라고 합니다.

그리고 '빛 알갱이'가 지나가는 원둘레 궤도의 종류는 제1-3사분 공간과 제

2-4사분 공간 두 종류며, 한 종류의 사분 공간이 6개의 원둘레로 분할되므로 각 원둘레 궤도 사이의 분할 각도는 15도(90/6=15)가 됩니다.

모든 입자는 자기의 짝(입자-반입자)과 동행합니다. 그러므로 '빛 알갱이'가 제1-3사분 공간을 점유할 때 그의 짝은 반드시 제2-4사분 공간을 점유하면서 함께 전진합니다.

양자물리학은 이 사실을 모르기 때문에 양자컴퓨터나 양자통신을 위한 빛의 입자-반입자 짝을 채집하는데 실패하는 경우가 많고, 채집한 입자-반입자의 짝에 대한 확신도 가질 수 없는 것입니다.

지금의 방법을 계속 고집한다면 그들은 결코 바라는 결과를 얻을 수 없을 것입니다.

〈요약정리〉

입자와 파동의 중첩이 발생하는 원리에 대한 이해 부족으로 양자물리학은 편광의 성질을 완전히 파악하지 못하고 있습니다.

그렇기 때문에 현재 심혈을 기울이고 있는 양자컴퓨터나 양자통신의 개발이 난관에 봉착해 있는 것입니다.

이제 앞에서 설명을 미루었던 '벨 테스트' 이야기를 해 보겠습니다.

'존 스튜어트 벨'은 이와 같은 편광의 원리를 이해하지 못하였기 때문에 테스트를 하면서 편광기들을 22.5도 간격으로 하여 0도/22.5도/45도/67.5도로 설치하였습니다.

오류가 있는 실험을 하였으므로 당연히 그 결과는 오류일 수밖에 없습니다.

그런데도 양자물리학계는 벨의 실험 결과에 환호하였으며 오늘날도 마찬가지로 '벨 테스트'를 흉내 낸 많은 실험이 지금도 행해지고 있으며 그 결과를 가지고 학술지에 기고하거나 박사 학위를 취득해 자신의 명성을 얻고 있습니다.

그런데 아인슈타인은 1955년에 사망하였으므로 1964년에 행해진 '벨 테스트'는 주인공인 아인슈타인에게 반박의 기회를 주지 않은 일방적인 게임이었습니다.

아인슈타인이 생존해 있는 동안에는 누구도 아인슈타인의 'EPR 패러독스'를 반박하지 못하다가 그가 사망하고 난 후에 그들은 '벨 테스트'를 기회로 아인슈타인을 성토한 것입니다.

이것은 흡사 개들이 호랑이 시체를 뜯어 먹는 형국입니다.

또 다른 비유를 들어 보겠습니다.

선생님(아인슈타인)이 숙제를 냈는데 어떤 이상한 학생이(학급마다 이런 학생이 있기 마련입니다) 그 문제를 애초부터 선생님이 제시한 방향으로 해결할 생각은 하지 않고, 선생님이 낸 문제는 답이 있을 수 없는 문제이므로 문제 자체가 틀렸다는 것을 증명했다고 주장한 것에 해당합니다.

나머지 학생들은 더 이상 골치 아픈 그 문제를 풀어야 할 필요가 없어졌으므로 대부분이 그 학생을 지지하고 환호했던 것은 당연하다고 볼 수 있습니다.

아인슈타인은 양자물리학이 주장하는 "입자가 동시에 여러 곳에 존재할 수 있다."라는 가설을 끝까지 받아들이지 않았으며 그들에게 "좀 더 시간을 가지고 우리가 모르고 있는 '숨은 변수'를 찾아보자."라고 제의했지만 그들은 그 제의를 거부하였고 그의 사망 후에 '벨 테스트'를 결정적인 증거로 간주하고 아인슈타인을 타도했습니다.

앞에서 예를 들었듯이 양자물리학 교수들은 학생들에게,

"입자가 동시에 여러 곳에 존재한다는 것은 진리이다. 그런데 그 이유를 나는 모르고 오직 신만이 안다."라고 설교(?)하고 있습니다(지금도 유튜브에서 검색해 보실 수 있습니다).

그들은 왜 이렇게 자신들이 모른다고 자인하는 것을 추호의 의심 없이 진리라고 믿고 있을까요?

과거에 지동설이 등장했던 시점으로 되돌아가 보겠습니다.

그 당시 주류 과학자들은 천동설을 신봉하였습니다.

그들은 그 이유를 알아서가 아니라 그렇게 믿은 것입니다.

적어도 그들의 눈에는 그렇게 보였고, 자신이 그렇게 배웠고, 자신의 학생들에게 그렇게 설명하는 것이 훨씬 쉬웠기 때문입니다.

이때 등장한 지동설은 그들에게는 청천벽력인 것이며, 그들이 갖고 있던 지식의 기초를 무너뜨리는 것이며, 그와 함께 그들의 특권과 생활 기반도 함께 무너져 내릴 것이 분명한 일이었던 것입니다.

역사는 이것이 진실과 거짓의 대결 양상으로 진행되었음을 우리에게 알려줍니다. 진실과 거짓이 대결하는 운동장은 평평하지 않습니다.

왜냐하면 진실은 적극적으로 자신이 진실임을 증명해야 하지만, 거짓은 상대방이 진실이 아님을 증명하기만 하면 승리하기 때문입니다. 이것은 3대 1의 확률로 거짓에게 유리한 '기울어진 운동장'에서의 게임인 것입니다.

그래서 상기의 벨도 아인슈타인의 가설이 오류가 있음을 증명하는 방법을 통하여 쉽게 승리(그들의 주장에 불과하지만)를 쟁취할 수 있었던 것입니다.

지동설도 마찬가지로 초기에는 그 당시 주류 과학계와 지배 계층들의 공격을 당해 낼 수 없었습니다.

그러나 진실은 언젠가는 드러나고 승리하게 됩니다.

그렇게 되는 것도 '사물의 이치'이며 '만물의 법칙'이기 때문입니다.

빛(입자, 진실)은 어둠(파동, 거짓)을 이기지만, 빛이 없는 곳에서는 항상 어둠이 왕 노릇을 합니다.

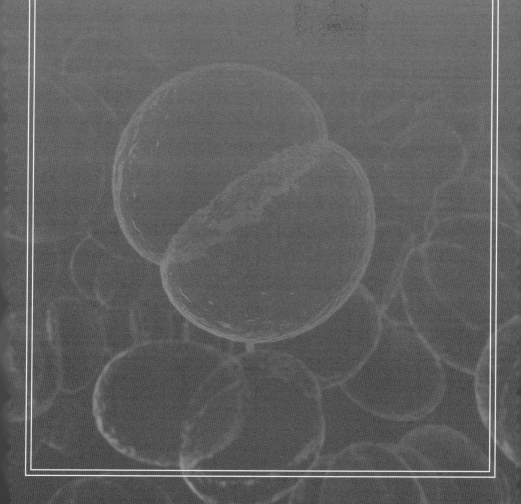

생명이란 무엇인가?

이 책의 앞부분에서 저는 과학의 정의를 '사물의 이치를 탐구하는 학문'이라고 하였습니다. '사물의 이치'를 줄이면 '물리'가 됩니다. 그런데 '사물(Things)'이라고 하면 우리의 감각으로 감지할 수 있는 범주에 들어가는 것이라고 할 수 있을 것입니다. 그러한 면에서 보면, '물리'는 '형이하학적인 것에 대한 이치'라고도 표현할 수 있겠습니다. 그러므로 우리의 감각으로 감지할 수 없는 (형이상학적) 범주에 들어가는 것에 대한 이치는 '진리'라고 표현하는 것이 더 적절하겠다는 생각을 해 봅니다.

그런 면에서 제1부에서는 '형이하학적인 것에 대한 이치'인 '물리'에 관한 내용이 주를 이루었습니다.

제2부에서는 생명을 주제로 다룰 것인데 생명을 주제로 하는 이유는 궁극적으로 우리 인간의 생명의 본질에 관한 점을 다루기 위해서입니다.

그리고 인간의 생명의 본질에 관한 점을 다루다 보면 필연적으로 우리의 감각으로는 인지할 수 없는 범주에 속하는 것에 대한 이치를 다루지 않을 수 없을 것입니다.

그래서 이제는 과학의 범주를 넓혀서 형이하학적인 사물(Things)뿐만 아니라, 형이상학적인 것까지 포함한 '만물(All Things)'의 개념으로 확대하도록 하겠습니다.

일반적으로 형이상학이라고 하면 철학이나 종교학 같은 추상적이고 관념적인 학문을 연상하게 됩니다. 그러나 이 책에서는 우리가 감지할 수 없는 것들을 다룰 때에도 철저하게 과학적인 접근법을 사용할 것임을 약속해 드립니다.

즉, 가설을 검증하는 과정에서 비과학적인 추론을 일체 배제하고 제1부에서 사용했던 '사물의 이치'에 입각한 원리를 그대로 적용하여 결론을 도출할 것입니다.

제1편
생명의 기원

1. 왜 생명이 출현하였나?

현대생물학에서도 생명의 기원에 관하여 다루고 있습니다. 그러나 대부분이 생명의 출현 과정을 다루고 있을 뿐이지 생명 출현의 이유를 다루고 있지는 않습니다.

그러나 인간의 생명 본질을 다룰 때, 가장 먼저 떠오르는 질문은 "왜 인간이 출현하였을까?"일 것입니다.

마찬가지로 인간 이전의 생명을 탐구할 때도 그 본질적인 질문을 하지 않을 수 없다고 생각합니다.

"만물은 소멸한다."라는 말이 있습니다.

그것은 "질량이 있는 모든 물질은 그 질량이 감소하여 결국은 우주에서 사라진다."라는 말로 대체할 수 있을 것입니다. 양성자(수명=2.1×10^{29}년)나 전자(수명=6.6×10^{28}년)도 언젠가는 그 수명을 다하고 소멸합니다. 물질(입자)의 질량이 감소하여 0이 되면 소멸된 것입니다.

그런데 만물은 무생명체일지라도 소멸하지 않고 계속 존재하기를 의도(?)한다는 것을 다음과 같은 사실로 유추해 볼 수 있습니다.

앞에서 보듯이 우주에서 가장 긴 수명을 가진 양성자도 언젠가는 양전자와 음소2와 광소3으로 분해되고, 그것들도 전자와 마찬가지로 언젠가는 소멸될 수밖에 없는 처지이지만 그들에게는 최후의 수단이 남아 있습니다.

그것은 바로 암흑물질이 되는 것입니다. 앞에서 이미 설명해 드린 것처럼, 암흑물질에는 음소2/음소3 결합체, 음소2/광소3 결합체 외에도 광소n입자/광소n반입자 결합체, 음소n입자/음소n반입자 결합체가 있습니다.

그것들은 극히 작은 질량이 잔존한 상태로 '허우주 공간'으로 이전합니다. 그래서 그들의 잔존 질량을 보존함으로써 완전히 소멸되는 것을 피할 수 있습니다. 그러다가 그들에게 외부의 에너지가 공급되면 그들은 다시 '실우주 공간'으로 복귀합니다.

이렇게 하면 무생명체도 소멸을 피하고 영생(?)할 수가 있는 것입니다.

그런데 자세히 보면 암흑물질 중에 광소n입자/음소n반입자 결합체가 빠져 있다는 것을 알 수 있습니다.

광소3에 양전자와 음전자가 추가되어 광소n이 되고,

음소3에 음소2가 추가되어 음소n이 되어서,

그들의 입자/반입자 쌍의 결합체가 반물질인데 왜 광소n입자/음소n반입자 쌍의 결합체가 없을까요?

그에 대한 답은 "광소n입자/음소n반입자 쌍의 결합체도 있다."라는 것입니다.

그 이유는 이미 앞에서 봤듯이 음소2/광소3 결합체가 있는 것이 증명되었기 때문입니다. 우주는 빛에너지와 소리에너지의 순환 시스템이라고도 할 수 있는데, 음소2/광소3 결합체인 암흑물질은 빛에너지와 소리에너지를 연결하는 중요한 역할을 수행합니다.

그러면, 광소n입자/음소n반입자 결합체인 암흑물질은 무슨 역할을 할까요?

이제 **"왜 생명이 출현하였나?"** 라는 질문에 대답할 때가 되었습니다.

그 대답은 **영원히 존재하기 위해서**입니다.

모든 물질은 소멸합니다.

그러나 모든 물질은 또한 **영원히 존재하기 위한 목적**을 갖고 있습니다.

"무생명체가 어떻게 목적을 가지고 있을 수 있나?"라고 반문하실 수도 있겠지만 드러난 증거를 보고 판단한다면 그렇게 추론할 수밖에 없습니다. 그리고 '목적'이라는 개념도 우주적 인과 관계론의 범주에 따라서는 무생명체에도 적용할 수 있는 것으로 알고 있습니다.

그렇게 보면 생명체와 무생명체의 경계도 불분명해질 수 있습니다.

현대생물학에서는 생명체가 무생명체로부터 진화하였다고 주장합니다.

그러나 태초의 기본입자인 광소2$^+$, 광소2$^-$, 음소2, 광소3, 음소3으로부터 최초의 암흑물질인 광소4~7입자/광소4~7반입자, 음소4~7입자/음소4~7반입자와 광소4~7입자/음소4~7반입자들의 결합체가 동시에 출현할 수 있었다는 점에서 보면 생명체의 조상(광소4~7입자/음소4~7반입자)은 무생명체의 조상(광소4~7입자/광소4~7반입자, 음소4~7입자/음소4~7반입자)과는 별도로 독립적으로 출현하였다고 추론할 수 있겠습니다.

무생명체도 생명체도 소멸할 운명을 가지고 우주에 출현하였지만, 그들은 모두 영원히 존재하려는 목적 또한 함께 주어져서 우주에 던져진 것이라고 추론해 볼 수 있습니다.

그렇게 보면 생명체나 무생명체나 영원히 존재하기 위한 목적을 달성할 수단만 조금 다를 뿐이지 본질적으로는 같다고 생각합니다.

2. 생명의 기원

앞에서 설명해 드린 것처럼 무생명체든 생명체든 암흑물질은 질량을 가진 물체의 질량이 소멸되지 않고 그 물체가 계속 존재할 수 있게 해 주는 수단이 됩니다. 단지 암흑물질이 된 순간에는 '허우주 공간'으로 이전하여 있다가 에너지를 받으면 다시 '실우주 공간'으로 복귀하는 것입니다. 그런데, '허우주 공간'에 있는 동안에는 에너지가 없으므로 활동이 정지된 상태가 됩니다.

무생명체를 구성하는 광소는 광소와만 입자-반입자를 이루고, 음소는 음소와만 입자-반입자를 이루는 반면에 생명체를 구성하는 광소는 음소와만 입자-반입자를 이루어 쌍으로 상호 공전하면서 이동합니다.

그리고 그러한 입자쌍이 결합체가 되면 암흑물질이 되는 것입니다.

광소와 음소는 각각의 고유한 성질이 있습니다.

빛의 성질은 광소의 성질을 반영한 것이며 소리의 성질은 음소의 성질을 반영한 것입니다.

광소는 자기 복제의 성질을 갖고 있기 때문에, 매개물질을 통하지 않고 전진합니다(빛이 전진하는 이유는 빛 알갱이, 즉 광소가 자기 복제를 하기 때문이라는 사실을 양자물리학은 모르고 있습니다. 우주는 빅뱅의 시작점인 태초의 광음소1의 자기 복제 산물입니다).

음소는 두 개의 물체(입자)가 합쳐져야(충돌해야) 발생하며 그로 인해 발생한 음소는 이전의 두 개의 물체 속성(정보)을 전달받습니다.

그러므로 음소는 정보 전달 성질(기능)이 있으며 자신의 파장 거리 이내에 다른 물체가 없으면 자신의 정보를 전달할 수도 없고 자신이 전진할 수도 없습니다.

무생명체는 광소와 음소의 성질(기능)이 빛과 소리의 형태로 분리되어 표출됩니다.

그러나 생명체를 구성하는 입자와 반입자의 쌍은 광소와 음소가 함께하므로 광소와 음소의 성질(기능)을 함께 갖고 있습니다.

현대물리학에서는 생명체와 무생명체를 구성하는 원자의 메커니즘이 동일하다고 생각하고 있지만, 그들을 구성하는 원자 내부의 핵자들 사이에서 에너지 교환 역할을 하는 암흑물질의 구성이 서로 다릅니다.

즉, 무생명체의 암흑물질은 광소와 음소가 분리되어 있는 반면에 생명체의 암흑물질은 광소와 음소가 혼합되어 있으므로 그 성질이 다릅니다.

예를 들어 쇠와 돌을 부딪치는 소리와 나무와 쇠, 나무와 짐승을 부딪치는 소리의 차이를 들어 보시기 바랍니다.

소리는 부딪치는 두 물체의 정보를 알려주는 성질(기능)이 있습니다.

그런데 무생명체와 무생명체, 무생명체와 생명체, 생명체와 생명체를 부딪쳐 보면 분명히 구분되는 각각의 소리 맵시(음소의 스핀) 차이를 확인하실 수 있을 것입니다.

무생명체는 방사능에 피폭되어도 영향을 거의 받지 않습니다.

그러나 생명체의 세포 조직은 심각한 손상을 입습니다.

생명체의 원자 조직 결합은 서로 이질적인 광소n과 음소n의 입자-반입자쌍과 광소n/음소n 결합체인 암흑물질의 힘으로 뒷받침되기 때문에 그 결속력이 무생명체보다 약하기 때문입니다.

그러면 생명체는 무생명체보다 약한데 왜 우주에 출현할 필요가 있었을까요?(영원히 존재하기 위한 목적을 달성하기 위해서는 강한 점이 있어야 하므로)

그 이유는 바로 생명체의 다양성입니다.

생명체는 광소와 음소를 함께 갖고 있으므로 무생명체가 갖지 못하는 다양성을 가질 수 있습니다.

우리 주위를 둘러보아도 무생명체의 종류에 비하여 생명체의 종류가 압도적으로 다양하다는 것을 알 수 있습니다.

생명체가 다양성을 확보할 수 있는 이유는 광소의 성질과 음소의 성질을 한 개체가 함께 갖고 있기 때문입니다.

광소는 다른 개체로부터 정보를 획득할 수 없고 음소는 다른 개체가 갖고 있는 정보를 획득할 수는 있지만 이것을 무한대로 복제하여 자신의 후손(복제된 개체)에게 전달하지 못하므로 획득한 정보의 확대 재생산이 용이하지 못합니다.

그래서 무생명체는 그 종류가 생명체에 비하여 현저히 빈약합니다.

그러나 생명체는 한 개체 내에 광소와 음소 기능이 함께 작용하므로 타 개체로부터 획득한 정보를 무한대로 자기 복제를 통하여 확대 재생산하여 후손에게 물려줌으로써 변화하는 환경에 쉽게 적응할 수 있는 능력과 함께 그 종류도 기하급수적으로 증가할 수 있는 것입니다.

생명체는 이와 같이 변화하는 환경을 극복하는 데 필수적인 다양성의 강점으로 인해 원자 조직의 약한 결속력의 약점을 극복하고 영원히 존재하고자 하는 본질적 목적을 달성할 수 있으므로 우주에 출현할 수 있었다고 추론합니다.

3. 원자의 구성

앞에서 말씀을 드린 것처럼, 무생명체와 생명체는 원자핵과 그 주위를 공전하는 광소와 음소들 사이의 에너지 교환 과정이 아래와 같이 차이가 있습니다.

1) 무생명체
(1) 전자(광소2-)궤도

양성자의 주위를 전자-광소3쌍이 공전하는 궤도N(N=1,2,3…)이 있으며, 각각의 궤도에 있는 전자-광소3쌍의 주위를 광소4~n-광소4~n의 입자-반입자쌍이 공전하고 궤도들 사이에 광소4~n/광소4~n의 입자/반입자 결합체인 암흑물질이 존재함으로써 에너지를 교환하고 빛을 생성합니다.

(2) 음소2궤도

중성자의 주위를 음소2-음소3쌍이 공전하는 궤도N(N=1,2,3…)이 있으며, 각각의 궤도에 있는 음소2-음소3쌍의 주위를 음소4~n-음소4~n의 입자-반입자쌍이 공전하고 궤도들 사이에 음소4~n/음소4~n의 입자/반입자 결합체인 암흑물질이 존재함으로써 에너지를 교환하고 소리를 생성합니다.

2) 생명체
(1) 전자(광소2⁻)궤도

양성자의 주위를 전자-음소3쌍이 공전하는 궤도N(N=1,2,3…)이 있으며, 각각의 궤도에 있는 전자-음소3쌍의 주위를 광소4~n-음소4~n의 입자-반입자쌍이 공전하고 궤도들 사이에 광소4~n/음소4~n의 입자/반입자 결합체인 암흑물질이 존재함으로써 에너지를 교환하고 영혼을 생성합니다.

⑵ 음소2궤도

중성자의 주위를 음소2-광소3쌍이 공전하는 궤도N(N=1,2,3…)이 있으며, 각각의 궤도에 있는 음소2-광소3쌍의 주위를 음소4~n-광소4~n의 입자-반입자쌍이 공전하고 궤도들 사이에 음소4~n/광소4~n의 입자/반입자 결합체인 암흑물질이 존재함으로써 에너지를 교환하고 영혼을 생성합니다.

4. 성의 분화

생명체가 다양성을 확보하기 위해서는 필연적으로 성이 분화되어야 합니다. 그러므로 생명체 성의 분화는 단성생물이 적자생존의 원칙에 따른 진화에 의해서 양성생물로 발전한 것이 아니라 생명체의 본질에 내포되어 있던 성질이 그 시점에서 발현된 것입니다.

그 과정을 무생명체와 비교하여 설명해 드리겠습니다.

우주의 기본 5요소인 광소2^+, 광소2^-, 음소2, 광소3, 음소3 중에서 광소3과 음소3은 정사면체 구조로 2차원 물질인 다른 입자들과는 달리 3차원 물질이므로 질량이 훨씬 큽니다. 그러므로 그들이 주체가 되어 자신들의 질량을 보존하기 위해 광소3은 광소2^+, 광소2^-를 한 개씩 추가하여 광소4가 되고, 음소3은 음소2를 두 개 추가하여 음소4가 됩니다. 여기까지는 무생명체와 생명체가 동일하며 생명체의 입장에서는 이것은 단성생식에 해당합니다. 즉, 빛과 소리가 되는 광소와 음소 중에서 가장 짧은 파장을 가진 광소4, 음소4가 되기 전에는 단성생식을 할 수밖에 없는 것입니다.

그러나 이후에 광소2^+, 광소2^-와 음소2를 더욱 많이 추가하여 광소4~n와 음소4~n이 되면 생명체는 광소4~n입자-음소4~n반입자로 된 양성 짝의 상호 공전 입자로 구성되며 그 입자쌍이 결합하면 암흑물질이 됩니다. 생명체가 암흑물질이 되는 것은 '허우주 공간'으로 이전하여 활동이 정지되는 죽음을 의미합니다. 그러나 잔존 질량이 남아 있으므로 완전한 소멸을 의미하지는 않습니다. 즉, 육체는 죽어도 영혼은 죽지 않는 상태가 되는 것입니다. 그 후에 외부에서 에너지가 공급되면 다시 '실우주 공간'으로 복귀합니다. 이것을 종교적으로 표현하면 부활이나 윤회가 될 것입니다. 그러나 저는 지금 종교 교리에 관한 이야기를 하는 것이 아니라 생명체의 성 분화 과정을 물리학적으로 분석하는 것입니다.

이렇게 보면 생명체는 '성의 분화를 통해 다양성을 확보함으로써 필연적으로 육체적인 약함을 가지게 되어 보다 일찍(무생명체에 비하여) 육체적 죽음에 이르지만, 무생명체에 비하여 압도적으로 많은 후손에게 생명을 주어 번성시키며 자신의 영혼을 영원히 존재하게 하려는 목적을 달성하고자 하는 입자들의 유기적 시스템'이라고 정의할 수 있을 것입니다.

그러므로 생명체는 무생명체에서 진화한 것도 아니고, 양성생물도 단성생물에서 진화한 것이 아니라 태초 우주의 기본 5요소인,

광소2^+, 광소2^-, 음소2, 광소3, 음소3의 성질에 무생명체와 생명체의 본질

에 해당하는 성질이 내포되어 있으므로 그 성질이 각각 발현되어 우주에 출현한 것입니다.

즉, 무생명체와 생명체는 영원히 존재하려는 공통 목적을 서로 다른 수단을 통해 실현시키고자 하는 개체(입자)들의 집합체(시스템)인 것입니다.

〈요약정리〉

① 광소는 자기 복제 기능이 있고 음소는 정보 전달 기능이 있습니다.

② 무생명체는 광소와 음소의 기능이 분리되어 나타나지만 생명체는 그 두 기능이 결합되어 나타나므로 생체 조직의 결속력을 희생하는 대신에 다양성을 확보함으로써 종족 번식의 장점을 선택하였습니다.

③ 생명체는 무생명체에서 진화한 것이 아니라 태초 우주의 기본 5요소인 광소2$^+$, 광소2$^-$, 음소2, 광소3, 음소3의 성질에 무생명체와 생명체의 본질에 해당하는 성질이 내포되어 있으므로, 그 성질이 각각 발현되어 우주에 출현한 것입니다. 즉, 무생명체와 생명체는 영원히 존재하려는 공통 목적을 서로 다른 수단을 통해 실현시키고자 하는 개체(입자)들의 집합체(시스템)입니다.

제2편

종의 기원

1. 유전자

모든 생명체는 유전자를 갖고 있습니다.

유전자의 기능을 압축하여 표현하면 다음의 두 가지로 요약할 수 있습니다.

*   부모 개체의 유전 정보를 저장합니다.

*   그 유전 정보를 무한 복제하여 개체의 전체적인 시스템을 완성케 합니다.

그러므로 유전자는 광소의 기능과 음소의 기능을 함께 발현하는 생명체 개체의 핵심 요소입니다.

2. 수의 성질

만물에는 수의 성질이 반영되어 있습니다.

마찬가지로 유전자에도 수의 성질이 반영되어 있음을 다음과 같이 설명할 수 있습니다.

표1

1		2		3		4		5		6		7	
2	3	(1/2)		(-1/2)		(1/2)		(2/2)		(-2/2)		(-1/2)	
4	5	4	6	4	7	증증		증감		감증		감감	
6	7	5	7	5	6	(UU)		(UD)		(DU)		(DD)	
8	9	8	10	8	11	8	12	8	13	8	14	8	15
10	11	9	11	9	10	9	13	9	12	9	15	9	14
12	13	12	14	12	15	10	14	10	15	10	12	10	13
14	15	13	15	13	14	11	15	11	14	11	13	11	12
16	17	16	18	16	19	16	20	16	21	16	22	16	23
18	19	17	19	17	18	17	21	17	20	17	23	17	22
20	21	20	22	20	23	18	22	18	23	18	20	18	21
22	23	21	23	21	22	19	23	19	22	19	21	19	20

8		9		10		11		12		13		14		15	
(1/2)		(2/2)		(3/2)		(4/2)		(-4/2)		(-3/2)		(-2/2)		(-1/2)	
증증증		증증감		증감증		증감감		감증증		감증감		감감증		감감감	
(UUU)		(UUD)		(UDU)		(UDD)		(DUU)		(DUD)		(DDU)		(DDD)	
16	24	16	25	16	26	16	27	16	28	16	29	16	30	16	31
17	25	17	24	17	27	17	26	17	29	17	28	17	31	17	30
18	26	18	27	18	24	18	25	18	30	18	31	18	28	18	29
19	27	19	26	19	25	19	24	19	31	19	30	19	29	19	28
20	28	20	29	20	30	20	31	20	24	20	25	20	26	20	27
21	29	21	28	21	31	21	30	21	25	21	24	21	27	21	26
22	30	22	31	22	28	22	29	22	26	22	27	22	24	22	25
23	31	23	30	23	29	23	28	23	27	23	26	23	25	23	24

표2

1		2	3	4	5	6	7
스핀	(0)	(1/2)	(-1/2)	(1/2)	(2/2)	(-2/2)	(-1/2)
		증	감	증증	증감	감증	감감
파장 그룹	1	2	2	4	4	4	4

8	9	10	11	12	13	14	15
(1/2)	(2/2)	(3/2)	(4/2)	(-4/2)	(-3/2)	(-2/2)	(-1/2)
증증증	증증감	증감증	증감감	감증증	감증감	감감증	감감감
8	8	8	8	8	8	8	8

표1은 '삼체수게임'에서 구슬 수(1~무한대)에 따라 게임에서 이기는 세 개의 수 조합을 나열한 것이며, 표2는 표1에서 구한 세 개의 수 조합으로부터 모든 수(1~무한대)의 파장과 스핀을 구함으로써 수의 성질을 규명할 수 있는 '숫자 주기율표(입자주기율표)'를 보여 주는 것입니다.

표1에서 보면,

두 개의 수를 곱한 수는 원래 두 개의 수에 대한 속성을 물려받았음을 알 수 있습니다.

예를 들어 2×3=6에서 6은 2와 3의 속성을 모두 물려받았음을 아래와 같 이 알 수 있습니다.

숫자 2의 최상단 오른쪽 두 개 숫자는 6~7로 증가할 때,

숫자 3의 최상단 오른쪽 두 개 숫자는 7~6으로 감소하며,

숫자 6의 최상단 오른쪽 네 개 숫자는 14~15와 그 아래 12~13은

한 개 단위로 보면 증가하고, 두 개의 묶음 단위로 보면 감소함을 알 수 있습 니다.

그러므로 6은 2와 3의 속성을 반반씩 정확하게 이전(유전)받았음을 알 수 있 습니다.

이러한 속성을 다른 방법으로도 설명할 수 있습니다.

즉, 표2에서 부모 숫자의 스핀 부호를 곱하면 자식 숫자의 스핀 부호가 됩니다.

예를 들면 2×5=10, 2×6=12, 3×6=18에서 부모 숫자의 스핀 부호가 다르면 자식 숫자의 스핀 부호가 음(양×음=음)이며, 부모의 스핀 부호가 같으면 자식의 스핀 부호가 양(양×양, 음×음=양)임을 알 수 있습니다.

아마도 이것은 부모 유전자로부터 받은 정보를 복제하기 전에 그 정보의 진위 여부를 간단한 방법으로 확인하기 위한 검증 수단으로 사용되는 것이라고 판단됩니다.

즉, 이러한 계산 방법에 의해 예측된 부호가 아니면 부모 유전자로부터의 정보 전달 과정에 오류가 있었던 것으로 간주하고 해당 정보는 폐기하는 것입니다.

그런데 소수의 경우는 이 원칙에서 예외가 발견됩니다.

즉, 동일한 숫자끼리 곱하면 자식 숫자는 양의 스핀 부호가 되어야 하는데 그렇지 않은 소수의 경우가 있는 것입니다(예를 들어 5×5=25, 7×7=49, 17×17=289 등의 자식 숫자 스핀 부호가 음입니다).

이것은 부모의 유전 정보가 자식에게 유전되지 못하는 경우가 있다는 의미입니다.

이와 같은 소수의 성질로부터 다음과 같은 유전상의 특성을 유추해 볼 수 있겠습니다.

• 소수는 두 개 숫자의 곱이 아니므로 부모로부터 물려받은 성질이 아니라 개체가 획득한 성질이며 이러한 성질도 후손에게 유전된다(후생유전).
• 후생유전은 어려운 환경이 닥쳤을 때 이것을 극복하기 위해 개체에서 발생한 DNA 변형을 말합니다.

그리고 이것은 앞에서 설명한 것처럼 소수와 관련이 있습니다.

그런데 동일한 소수끼리의 결합에서 계산 결과의 해석에 따라 자식에게 성질이 이전되지 않는 경우가 있다는 것은 근친 부모의 경우는 어려운 환경의 극복을 위해 부모가 획득한 형질이 자식에게 이전되지 못하는 유전자가 있을 수 있다는 것을 의미합니다.

3. 유전

앞에서 모든 수가 고유의 파장과 스핀을 갖고 있다는 것을 설명하였습니다. 만물은 수의 성질을 반영하므로 모든 입자는 고유의 파장과 스핀을 갖고 있습니다.

마찬가지로 모든 생명체는 고유의 파장과 스핀을 갖고 있으며 그 파장과 스핀에 해당하는 수로 표현할 수 있습니다.

즉, 상기 예에서 어떤 생명체 개체를 대표하는 수가 2이고 그의 배우자가 대표하는 수가 3이라면 그 자식이 대표하는 수는 6이 되는데, 수 6의 성질은 수 2와 수 3의 성질을 반반씩 유전 받은 것입니다.

4. 종의 기원

표2에서 보면 동일파장(개별입자의 파장은 다르지만 입자-반입자의 평균파장이 동일합니다)을 가진 파장그룹이 있는데, 그들의 스핀과 파장은 다음과 같은 원칙으로 결정됩니다.

- 파장그룹의 파장 크기는 2^n으로 증가합니다.
- 파장그룹 내 수의 개수는 파장의 크기(2^n)에 비례합니다.

- 파장그룹 내 스핀의 크기는 그 그룹의 첫 번째 수 스핀의 1/2이며 그 후 1/2씩 증가하다가 n/2가 되면 부호가 바뀌면서 −n/2가 되고 그 후에는 −(n-1)/2과 같이 n이 줄어들다가 최종적으로 −1/2이 됩니다. 이렇게 되면 그룹 내의 모든 수가 가운데를 중심으로 거울 대칭이 되면서 대칭되는 수들끼리의 스핀은 절댓값은 같고 부호는 다르게 됩니다.

이와 같이 대칭 관계에 있는 수(입자)의 관계를 입자로 표현하면 입자-반입자 관계라고 합니다.

1) 종의 기원

앞에서와 같이 동일 파장그룹에는 수의 최대 개수와 스핀의 최곳값이 주어져 있습니다. 그것은 동일 파장그룹 내의 수들이 가진 성질이 그 범위 내로 제한되는 것을 의미합니다.

이러한 성질은 생명체에도 그대로 적용됩니다.

이렇게 동일 파장그룹에 속한 생명체는 일정한 범위 내의 성질을 서로가 공유하게 됩니다. 이러한 동일 성질 공유 집단을 생물학적 분류 기준으로 표현하면 '종'이 됩니다.

그런데 수의 크기가 작을 때는 금방 파장의 크기를 이탈하므로 동일 파장그룹에서 벗어나는 개체가 자주 발생합니다.

그래서 원시생물에서는 종의 분화가 쉽게 발생합니다.

그러나 고등생물로 진화함에 따라 그들의 파장 크기가 기하급수적으로 증가하게 되어 진화의 단계 수준이 높은 생물일수록 새로운 종의 출현이 발생하기가 어렵게 됩니다.

2) 유전의 법칙

고등생물로 진화하였더라도 그 개체를 구성하는 모든 유전자가 위와 같은 유전 방법으로만 후손에게 유전한다면 쉽게 그 종의 개체 중에서 다른 종의 개체가 출현할 수 있습니다. 그것은 그 종의 입장에서는 바람직하지 않으므로 다른 유전 방법과의 혼합이 필요하게 됩니다.

그래서 그 종의 개체 파장의 크기를 제한시키는 다음의 방법이 사용됩니다.

(1) 염색체

생물마다 염색체의 수가 다르며 절대적이지는 않지만 대체적으로 고등생물일수록 염색체의 수가 많습니다(인간의 염색체 수는 46개입니다).

이렇게 염색체의 수를 늘리는 이유는 개체가 가진 전체의 유전자를 각각의 염색체 방으로 분리하여 배치함으로써 전체 파장의 수를 염색체의 개수로 나눌 수 있는 효과가 있습니다.

예를 들어, 50×50=2500이지만 50을 5로 나눈 10을 10×10=100을 한 후에 다시 100을 5로 곱해 주면 500밖에 안 되므로 2500보다 훨씬 줄일 수 있으며 만약에 50을 10으로 나눈 5를 5×5=25를 한 후에 다시 25를 10으로 곱해 주면 250밖에 안 되므로 5로 나눌 때보다 더 줄일 수 있습니다. 이와 같이 염색체의 수가 많을수록 그 종의 개체 유전자 전체 파장의 크기를 줄일 수 있으므로 다른 종으로의 분화 위험을 낮출 수 있습니다. 자신의 종의 개체 중에 다른 종으로의 분화가 발생한 다는 것은 그 종의 멸종을 야기할 확률이 높아지기 때문입니다.

(2) 상동염색체와 멘델의 법칙

하나의 체세포 속에는 크기와 모양이 같은 염색체가 쌍으로 있는데 이것을 상동염색체라고 하며 수정 과정을 통해 하나는 모계로부터 다른 하나는 부계로부터 온 것입니다.

이러한 상동염색체 내 동일 위치의 부와 모의 유전자를 대립유전자(Allele)라고 합니다. 이 대립유전자의 형질은 부와 모의 대립형질이 각각 분리하여 독립적으로 발현되는데 이것을 멘델의 분리법칙과 독립법칙이라고 합니다.

멘델의 법칙을 앞에서 설명한 방식으로 표현하면,

부의 유전자 형질의 수가 2이고 모의 유전자 형질의 수는 3인데 3>2(3이 2보다 우성)이므로 모의 형질 3만 1차 후손 모두에게 나타나지만 그 1차 후손의 유전자 내에는 2와 3의 형질이 분리하여 독립적으로 내재하고 있으므로 1차 후손끼리 교배한 후 2차 후손의 유전자 종류별 출현 확률은 2-2: 25%, 2-3: 50%, 3-3: 25% 인데 2<3이므로 2가 25% 3이 75%의 확률로 출현하게 됩니다.

유전자가 이러한 법칙을 사용하면 앞에서 설명한 유전의 방법에 비하여 파장의 크기를 줄이는 방법이 됩니다.

(3) 중간유전

유전자가 모두 멘델의 법칙으로만 유전한다면 생명체의 다양성은 극히 제한될 것이며 이것은 변화하는 환경에 적절히 대처할 수 없다는 것을 의미합니다. 그러므로 상기 3. 유전의 방법도 당연히 필요하게 됩니다.

즉, 2×3=6의 형질이 자손에게 출현하게 됩니다.

(2)에서 설명한 것처럼 수 6에는 수 2의 성질과 수3의 성질이 정확히 반반씩 혼합되어 있습니다. 생명체의 다양성 확보에는 이러한 방식의 유전이 필수적인 것입니다.

현대생물학에서도 멘델의 법칙을 따르는 유전자보다 중간유전의 방식을 따르는 유전자가 더 일반적이라는 것을 최근에 확인하였습니다.

(4) 성선택

다윈은 진화의 요인으로 자연선택이론을 제시하였는데 그것의 부족한 점을 '성선택(Sexual Selection)'이라는 논리로 보충하였던 것입니다.

'성선택(Sexual Selection)'은 암컷 또는 수컷이 자신의 생존에 불리한 형질이라도 자신의 강함을 표출함으로써 배우자에게 선택되는 가능성을 높일 수 있는 형질을 우성형질로 한다는 것입니다.

예를 들면, 공작새 수컷의 화려한 깃털은 천적의 눈에 잘 띄어 생존에는 다소 불리할 수 있지만 암컷에게는 큰 매력으로 작용하기 때문에 더욱 선명한 깃털을 지닌 수컷이 암컷의 선택을 받을 확률이 더 커지고 자손 번식에 있어서도 더 유리한 고지를 차지하게 되고, 이는 곧 개체수의 증가로 이어진다는 것입니다. 이처럼 다윈은 환경의 압력으로 야기된 자연선택에서 살아남는 생존율도 중요하지만, 번식을 통해 자손을 많이 퍼뜨리는 '성선택' 또한 진화의 핵심적 요소라고 주장하였습니다.

이러한 '성선택'의 메커니즘을 다음과 같이 설명할 수 있습니다.

앞에서 설명해 드린 것처럼 생명체가 갖고 있는 음소 기능은 유전 기능(정보전달)을 담당하고, 광소 기능은 자기 복제 기능을 담당합니다. 그러므로 유전자의 특정 형질이 '자연선택' 되는 것은 음소 기능의 발현이고, 또 다른 어떤 형질이 '성선택' 되는 것은 광소 기능의 발현인 것입니다.
즉, 유전자의 어떤 형질은 그 개체의 건강을 결정하는 지표의 역할을 하는데 어떤 개체가 그 형질을 다른 개체보다 더 많이 복제한다는 것은 다른 개체보다 더 건강하다는 증거의 역할을 하기 때문입니다.
그러므로 생명체의 음소 기능이 유전에서 주된 역할을 담당하는 것은 사실이지만 광소 기능 역시 건강한 부모 개체를 상대 배우자가 선택할 수 있게 함으로써 보다 더 건강한 후손 개체가 출현할 수 있게 한다는 점에서 개체수의 번성에 있어 중요한 역할을 담당한다고 할 수 있습니다.
그리고 이 '성선택'은 중간유전의 방법에 비하면 종의 파장 크기를 전혀 증가시키지 않는다는 점에서 '자연선택'의 유전 방법보다 효율적인 측면도 있습니다.

(5) 개체와 유전자, 누가 주인인가?

생명체의 주인은 개체가 아니라 유전자라고 주장하는 학자가 있습니다. 그 주장 자체는 오류가 없다는 점에서는 동의합니다.

그러나 그 주장은 다음과 같은 이유로 아무런 의미가 없는 하나 마나 한 주장이라고 생각합니다.

생명체의 유전자 시작은 광소4(스핀 1/2)와 음소7(스핀 −1/2)의 입자-반입자쌍과 음소4(스핀 1/2)와 광소7(스핀 −1/2)의 입자-반입자쌍의 상호 공전과 그 결합체인 암흑물질입니다.

그 이후 유전자의 광소와 음소의 번호(파장)는 기하급수적으로 증가하여 셀 수 없이 많은 종의 생명체가 출현하였으며 그 모든 생명체의 유전자는 상기 최초 유전자의 형질을 물려받았습니다.

위 학자의 주장대로라면 그 최초의 유전자가 모든 생명체의 주인이 됩니다. 그리고 더 나아가면 상기의 광소4~7과 음소4~7의 내부는 모두 광소2$^+$, 광소2$^-$, 음소2로 구성되어 있고 그것들 역시 그 본질은 광음소1의 움직임이므로 그 최초 유전자의 주인은 광음소1이 됩니다. 즉, 만물의 궁극적인 주인은 광음소1이 되는 것입니다.

그러므로 이것은 너무나 당연한 주장인 것입니다.

그러한 주장을 비유적으로 표현하면, 모든 정수는 1로 나누어떨어진다고 주장하는 것과 같이 공허한 주장일 뿐이며 아무런 의미가 없는 주장인 것입니다.

광음소1의 입장에서 보면 자신이 영원히 존재하기 위하여 생명체에 다양성을 부여하였다는 것이 되는데 그렇게 하지 않아도 광음소1은 스스로 영원히 존재하는 본성을 갖고 있는 우주 유일의 입자이기 때문에 그러한 가정은 성립할 수 없습니다.

그러므로 생명체의 주인은 개체 자신이지 그 개체 내의 유전자가 아닙니다. 모든 생명체 개체는 자신이 영원히 존재하기 위한 행동을 하지 결코 자신이 속한 종의 존속을 위해 자신의 생존을 희생하지 않습니다. 다만 자신의 영혼이 더욱 쉽게 존속하기 위해 현재 자신의 육체적 생명을 희생함으로써 종의 존속에 기여하는 경우는 있습니다. 그러나 이러한 행동도 결국은 개체 자신의 영원한 존속이 목적이지 자기 종족의 영속을 위한 희생이 아니며 '만물의 법칙'은 그러한 희생을 기대하지 않습니다.

이와 관련한 더욱 자세한 내용은 다음 편인 '영혼이란 무엇인가?'에서 다루도록 하겠습니다.

〈요약정리〉

① 만물은 수의 성질을 반영하므로 모든 입자는 고유의 파장과 스핀을 갖고 있습니다.

마찬가지로 모든 생명체는 고유의 파장과 스핀을 갖고 있으며 그 파장과 스핀에 해당하는 수로 표현할 수 있습니다.

② 동일 파장을 가진 생명체 집단이 종으로 분류됩니다.

하등생물은 종의 분화가 쉽게 발생하며 고등생물로 진화가 진척됨에 따라 종의 분화는 어려워집니다.

③ 생명체의 주인은 개체 자신이지 그 개체 내의 유전자가 아닙니다.

모든 생명체 개체는 자신이 영원히 존재하기 위한 행동을 하지 결코 자신이 속한 종의 존속을 위해 자신의 생존을 희생하지 않습니다.

제3편

영혼이란 무엇인가?

1. 물질과 비물질

물질에 반대되는 적절한 단어가 떠오르지 않아서 일단 비물질이라고 해 두겠습니다. 에너지나 영혼을 생각해 보았는데 그 단어들은 질량, 육체가 각각의 반대어로 자리 잡았기 때문에 사용할 수가 없었습니다.

아인슈타인은 $E=mc^2$의 공식을 통하여 질량과 에너지는 본질적으로는 같은 것이지만 우주 공간에 표출되는 형태(또는 상태)가 다른 것이라는 점을 증명하였습니다.

이와 같은 관점에서 무생명체와 생명체의 형태(상태)적 분류를 다음과 같이 해 보겠습니다.

1) 무생명체

(1) 물질

무생명체인 물질을 물체라고 부르겠습니다.

우주의 기본 5요소와 그 요소들로 구성된 모든 입자와 원자, 분자와 그들로 구성된 모든 물질이 이 범주에 들어갑니다. 이것들은 특정 형태(상태)와 입자성을 띠는 경우가 많습니다. 그리고 이것들의 에너지 상태를 표현할 때 주로 $E=mc^2$(E: 에너지, m: 질량, c: 광속)으로 표시합니다.

(2) 비물질

무생명체인 비물질을 '영혼체'라고 부르겠습니다.

광소4~n과 음소4~n은 우주의 기본 5 요소에 들지 않은 모든 광소와 음소에 해당합니다. 이것들은 물체와는 달리 일반적으로 특정한 형태(상태)를 갖지 않고 파동성을 띠는 경우가 많습니다. 그리고 이것들의 에너지 상태를 표현할 때 주로 $E=h\nu$(E: 에너지, h: 플랑크 상수, ν:진동수)로 표시합니다.

'영혼체'는 광소4~n과 음소4~n 두 가지로 구분되는데,

전자를 '영체', 후자를 '혼체'라고 부르겠습니다.

전자는 자기 복제에 의하여 전파하고,

후자는 자기 파장 내의 거리에 있는 물체에게 자신의 정보를 전달함으로써 전파합니다.

2) 생명체

(1) 물질

생명체인 물질을 육체라고 부르겠습니다.

육체를 구성하는 기본 5요소는 물체와 동일합니다.

(2) 비물질

생명체인 비물질을 영혼이라고 부르겠습니다(여기에서의 영혼은 종교계에서 사용하는 영혼의 개념과는 차이가 있지만 그래도 우리가 사용하는 단어들 중에서 가장 가까운 개념의 단어이므로 이것을 사용하기로 했습니다).

물체를 구성하는 기본 5요소들 간의 에너지 교환은 광소4~n과 음소4~n이 분리되어 각각 독립적으로 그 교환의 중간 역할을 하지만 육체를 구성하는

기본 5요소들 간의 에너지 교환은 광소4~n과 음소4~n이 혼합되어 함께 그 교환의 중간 역할을 합니다.

즉, 영혼은 광소4~n과 음소4~n이 서로 혼합되어 있는 전체를 말하며 그 둘을 분리하여 언급할 때는,

전자를 '영', 후자를 '혼'이라고 부르겠습니다.

전자는 자기 복제 기능으로, 후자는 정보 전달 기능으로, 서로 협력하며 자기가 속한 개체의 존속에 기여합니다.

2. 대피라미드

제1부 제3편 9. 기자의 대피라미드의 비밀에서 이야기했던 '대피라미드'에 관하여 또 다른 관점에서 말씀드리겠습니다. 제1부 제3편 9. 기자의 대피라미드의 비밀에서 "피라미드의 동쪽에는 배 모양의 3개의 구덩이가 발견되었으며 그 구덩이에 묻혀 있는 1,224개의 나뭇조각을 이어 붙여서 실제로 배가 재건축됐으며 또 피라미드의 남쪽에는 두 개의 구덩이가 더 발견되었습니다."라고 말씀드렸습니다. 그리고 "상기의 5개 구덩이는 우주의 기본입자 5개를 상징하며 배는 물과 관련이 있고 물은 2차원 물질이라는 점에서 역시 2차원 입자인 광소2^+, 광소2^-, 음소2 입자 3개를 의미하며 나머지 2개의 구덩이는 광소3과 음소3을 의미합니다."라고 말씀드렸습니다.

여기서 배 모양의 3개의 구덩이에는 배가 묻혀 있는 것이 아니라 배를 만들 수 있는 재료가 들어 있었습니다. 그러므로 그것은 2차원 재료로써 광소2^+, 광소2^-, 음소2 입자 3개를 의미하며 그 재료를 나머지 2개의 구덩이가 의미하는 광소3과 음소3에 붙여서 광소4~n과 음소4~n을 만들 수 있다는 의미가 되겠습니다. 그렇게 해서 건축되어진 완성품이 바로 '대피라미드'인 것입

니다. 피라미드는 겉으로 보기에는 정4각뿔의 형태이지만 피라미드의 내부에 원주율 산출 공식이 숨어 있는 것으로 봐서 피라미드는 정4~n각뿔이며, n이 무한대가 되면 원뿔의 형태가 됩니다.

그러므로 '대피라미드'는 왕의 무덤이 아니라 빛과 소리의 모습을 인간들에게 보여 주려는 초능력자의 작품인 것이며 '대피라미드'의 내부에는 그가 인간들에게 전달하고자 하는 다른 중요한 메시지도 함께 있는 것입니다.

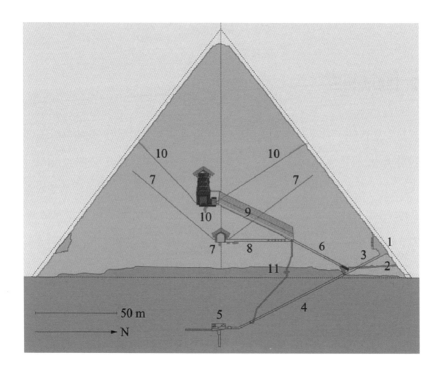

1. 원래 입구(Original Entrance)

2. 도굴 터널(Robbers' Tunnel): 관광객 입구(Tourist Entrance)

3. 4. 하강 통로(Descending Passage)

5. 지하방(Subterranean Chamber)

6. 상승 통로(Ascending Passage)

7. 왕비의 방과 환풍 통로(Queen's Chamber & It's "Air-Shafts")

8. 수평 통로(Horizontal Passage)

9. 대화랑(Grand Gallery)

10. 왕의 방과 환풍 통로(King's Chamber & It's "Air-Shafts")

11. 작은 동굴과 샘물 갱도(Grotto & Well Shaft)

(자료 출처: 위키피디아)

지금부터는 제3편에서 말씀드리지 않은 내용을 추가로 말씀드리겠습니다(제3편에서 전부 말씀드리지 않은 것은 그 시점에서 아래의 내용을 말씀드리면 독자 여러분의 이해에 불필요한 혼선을 야기할 우려가 있다고 판단되어 뒤로 미루었으므로 양해해 주시기 바랍니다).

피라미드 그림에서 5. 지하방(Subterranean Chamber)은 피라미드의 내부가 아니라 외부의 지하에 위치합니다. 그러므로 이것은 광소(빛 씨앗)와 음소(소리 씨앗)가 물체에 진입하기 전에 무활동(죽음) 상태인 암흑물질이 된 상태를 의미합니다.

암흑물질의 상태이던 광소와 음소가 11. 작은 동굴과 샘물 갱도(Grotto & Well Shaft)에서 에너지를 얻고 활동 상태인 광소와 음소로 전환되었습니다(11. 작은 동굴과 샘물 갱도의 위치가 지하에서 지상으로 이전하는 위치인 것에 주목하시기 바랍니다).

11.의 바로 위에는 두 갈래 길이 있는데 하나는 10. 왕의 방(King's Chamber)으로, 다른 하나는 7. 왕비의 방(Queen's Chamber)으로 향하는 길입니다.

'왕의 방'은 광소가 머무르는 장소이며, '왕비의 방'은 음소가 머무르는 장소입니다.

그런데 왕의 방으로부터는 피라미드의 외부로 통하는 환기창으로 향하는 환풍 통로(Air-Shaft)가 끝까지 연결되어 있는 데 반하여 왕비의 방으로부터 나가는 환풍 통로는 중간의 어느 부분에서 막혀 있음을 알 수 있습니다.

그런데 왕비의 방에서 나가는 환풍 통로를 처음부터 만들 시도를 안 했으면 될 것을, 굳이 한참 동안 환풍 통로를 뚫어 나가다가 중간에서 멈추었다는 것은 공사가 미완성인 것이 아니라 의도적으로 그렇게 한 것이며 여기에는 중요한 의도가 숨어 있다고 판단됩니다.

그래서 이것으로부터 다음과 같은 사실을 유추해 볼 수 있습니다.

- 음소는 물체의 외부로 탈출할 수 없다.
- 음소의 본체는 외부로 탈출할 수 없지만 탈출을 위한 무언가의 방법을 강구해 볼 수 있다.

이것을 종합해서 유추해 보면 소리의 성질을 설명할 수 있습니다.

즉, 빛은 매개물질이 없어도 자유롭게 공간을 전파(이동)할 수 있지만 소리는 매개물질의 중개 역할을 통하여만 공간을 전파(이동)할 수 있는데,

그 이유는 음소의 본체는 물체를 탈출할 수 없지만 음소의 파장 크기(길이) 이내의 거리에 다른 물체가 있으면 그 물체에게 음소 자신의 정보를 전달함으로써 그 물체의 내부에 있는 음소가 자신을 대신하게 하는 방법으로 전파(이동)하는 것입니다.

이 내용을 통하여 대피라미드는 빛과 소리가 전파하는 메커니즘을 우리에게 상징적으로 알려준다는 것을 알 수 있었습니다.

그런데 앞에서 빛과 소리는 비생명체의 비물질인 '영체'와 '혼체'에 해당한다고 말씀드렸습니다.

그러한 '영체'와 '혼체'가 혼합하여 활동하는 생명체의 비물질인 '영혼'에 관해서는 피라미드의 상징이 우리에게 어떤 점을 시사할까요?

비생명체의 경우는 영체(빛)와 혼체(소리)가 독립적으로 행동하지만 생명체의 경우는 영혼이 물체(육체)를 탈출(육체의 죽음)한 후에도 상호 연결되어 행동합니다.

그런데 앞에서 말씀드렸듯이 광소는 공간을 자유롭게 전파(이동)할 수 있지만 음소는 매개물질이 있는 곳에서만 전파(이동)합니다. 영혼은 광소와 음소가 연결되어 활동하므로 영혼 역시 물질이 있는 공간 구역 내에서만 활동이 가능합니다.

그러므로 영혼은 육체가 죽어서 육체를 벗어난 후에도 지구의 대기권을 벗어날 수 없습니다.

3. 좌뇌와 우뇌

"손뼉도 마주쳐야 소리가 난다."라는 속담처럼 소리는 두 개의 물체가 충돌하였을 때만 발생합니다. 두 개의 물체 내부 음소와 음소가 결합해서 새로운 음소가 생성되기 때문입니다. 마찬가지로 생명체의 영혼도 두 생명체의 성적 결합에 의해서 두 생명체 내부의 음소와 음소가 결합해서 새로운 음소가 생성됨으로써 생명체의 기본 씨앗에 해당하는 '혼'이 탄생하기 때문입니다.

이처럼 생명체의 시작은 '혼'의 탄생으로부터 시작합니다.

'혼'에는 부모 생명체로부터 물려받은 모든 정보가 저장되어있습니다.

'혼'을 컴퓨터에 비유하면 저장 장치이고, '영'은 CPU에 해당한다고 할 수 있습니다. '혼'은 음소의 기능을, '영'은 광소의 기능을 갖고 있습니다.

생명체에서 광소와 음소의 기능을 종합적으로 관리하는 곳은 뇌입니다.

고등생명체일수록 광소와 음소의 기능이 복잡하게 얽혀 있습니다.

그러므로 그 기능들을 분업적으로 관리하는 것이 효율적입니다.

그래서 고등 생명체의 뇌는 좌뇌와 우뇌 둘로 구분되어 있습니다.

좌뇌는 음소의 기능을 관장하고 우뇌는 광소의 기능을 관장합니다.

그러므로 생명체의 영혼 중에 '영'은 우뇌가 관장하고(영은 우뇌에 자리 잡고), '혼'은 좌뇌가 관장합니다(혼은 좌뇌에 자리 잡습니다).

새 생명이 탄생하였을 때, '혼'에는 부모 생명체의 정보가 들어 있지만 이 정보들을 종합적으로 다루어서 의사 결정을 해야 할 '영'은 영혼의 출발 시점에는 공백 상태입니다. 그러므로 자체적인 경험이 축적될 때까지는 부모 생명체의 도움이 필요합니다. 그런데 어떤 생명체의 부모는 자식 생명체의 영혼의 출발 시점부터 도움을 줄 수 없는 경우가 있습니다.

그래서 '본능'의 도움을 받습니다.

그러면 이 '본능'은 어디로부터 오는 것일까요?

인간을 포함한 모든 생명체에는 두 개의 자아(Self)가 있습니다.

그 두 개의 자아 중에 하나는 육체의 주인이고 다른 하나는 육체의 주인인 자아를 도와주는 '돕는 자아'(Helper Self)입니다.

주인인 자아는 생명(영혼)이 탄생할 때 출현한 '혼'과 짝인 '영'입니다.

'돕는 자아'는 다른 생명체 영혼의 육체가 사망한 후에 그 육체를 벗어난 영혼 중의 '영'입니다. 이미 말씀드린 것처럼 음소의 본체는 물체를 탈출할 수 없으므로 '혼'은 다른 생명체로 진입할 수가 없지만 '영'은 다른 생명체의 영혼과 함께 있을 수 있습니다.

그러므로 하나의 생명체에는 한 개의 '혼'과 여러 개의 '영'이 함께 거주할 수 있습니다.

앞에서 질문한 '본능'은 바로 육체의 주인인 '혼'의 짝 '영'이 아닌 이미 예전에 탄생하였다가 생의 경험을 축적하고 죽었던 영혼 중에서 '영'의 부분이 방금 새로이 탄생한 영혼과 함께 거주하면서 그 경험을 새 영혼에게 전수해준 것입니다.

좌뇌는 음소를 관장하면서 육체의 모든 정보를 저장하고 있는 '혼'의 정보를 '영'에게 제공함으로써 '영'으로 하여금 적절한 의사 결정을 할 수 있게 합니다.

우뇌는 광소를 관장하면서 '영'이 '혼'으로부터 받은 정보를 활용하여 올바른 의사 결정을 하게 합니다.

하나의 육체에는 일반적으로 두 개의 '영'이 존재하지만 그 이상의 '영'이 존재할 수도 있는데 우뇌는 이러한 '영'들의 정보 유출입을 통제함으로써 육체에 해가 되는 정보의 유출입을 차단합니다.

그래서 우뇌의 '영'들에 대한 통제 기능이 저하되면 외부의 '영'들이 마음대로 들락거리면서 육체를 조종합니다. 이러한 상태가 다중인격장애입니다. 우뇌는 본능에 필요한 것을 제외한 외부 '영'의 정보 유입을 차단하는데 이러한 우뇌의 기능이 작동하지 못하게 되면 외부에서 진입한 '영'의 전생과 관련한 기억이 육체에 전달되거나 외부 영들과의 교신 행위(영매 행위) 등이 행해질 수 있습니다.

꿈에는 렘(REM: Rapid Eye Movement)수면과 비(非)렘수면이 있습니다.

렘수면은 꿈을 꿀 때 눈동자가 빨리 움직인다고 해서 붙여진 이름입니다.

그러므로 렘수면은 광소와 관련이 있다고 판단됩니다.

렘수면은 외부에서 진입한 '영(돕는 자)'이 그날에 획득한 정보를 육체 외부에 있는 자신의 짝인 '혼'에 저장하는 과정이라고 생각합니다. 이러한 과정을 통해서 '돕는 자아'는 자기 자신의 영혼의 역사를 개척해 나가는 일과 새로운 생명의 영혼(육체의 주인)을 돕는 일을 함께 수행합니다.

그리고 비(非)렘수면은 육체의 주인인 '혼'에 그날의 정보를 저장하는 과정입니다. 죽음을 경험하였다가 살아난 사람 중에는 자신이 죽는다고 생각한 짧은 순간에 자신의 전체 생애가 영화처럼 순식간에 파노라마 형태로 펼쳐지는 것을 목격하였다고 주장하는 사람이 많이 있습니다.

이것은 '혼'에 저장된 정보가 육체 외부 암흑물질 내부의 음소에 저장되는 과정이라고 판단됩니다.

4. 나는 누구인가?

소크라테스는 "너 자신을 알라."라고 했습니다.

생명체로서 '나'는 '다른 생명체와는 분명히 구별되는 **자신만의 고유한 그 무엇**을 계속해서 간직하고 있는 개체'라고 정의할 수 있겠으며 여기서 **자신만의 고유한 그 무엇**에 해당하는 것은 바로, 자신만의 **'역사'**라고 생각합니다.

그래서 생명체는 자신의 역사 정보를 음소에 영원히 저장하려고 합니다.

즉, 역사가 있는 개체는 생존해 있는 것이며 자신의 역사는 다른 어떤 개체와도 공유하지 않는 자신의 모든 것을 표현하고 대표하는 자신의 본질인 것이며 영원한 것입니다.

그러므로 생명체인 개체의 '영'은 역사를 만들어 나가고 그의 짝인 '혼'은 그 역사를 보존해 나감으로써 그 영혼은 영원히 존재할 수 있는 것입니다.

앞에서도 말씀 드렸지만 바로 이러한 이유 때문에라도 생명체 개체의 주인은 개체 자신이지 그 개체의 내부에 있는 유전자가 아닌 것입니다.

생명체의 시초 단계에서는 음소의 기능이 광소의 기능보다 더 강하였습니다. 그 후에 고등생명체로 진화해 가면서 광소의 기능이 점점 더 확대하게 되었습니다.

그러므로 하등생명체의 영혼은 음소 부분의 힘이 더 강력하고 지구 표면 근처의 대기 입자에 자리 잡았다가 금방 지구에서 탄생한 다른 생명체에게로 즉시 그 영이 이전할 수 있습니다. 그래서 하등생명체의 개체수가 급격히 증가할 수 있습니다.

반면에 고등생명체의 영혼은 음소 부분의 힘이 점점 더 약해짐에 따라 지구 표면의 대기권보다 점점 더 상층의 대기권에 자리 잡았다가 지구에서 탄생한 다른 생명체에게로 그 영이 이전할 수 있습니다.

그래서 고등생명체일수록 하등생명체에 비해 개체 수가 적습니다.

모든 생명체는 하등생명체에서 고등생명체로 진화해 가며 모든 개체는 자신의 진화 역사를 자신의 '혼'이 저장된 장소인 음소에 기록하여 보존합니다.

그러므로 모든 생명체 태아 과정의 변천 모습은 종에 관계없이 서로가 거의 닮아 있는 것입니다.

생명체 개체의 '영'이 새로 탄생한 다른 생명체의 '혼'에 진입하기 위한 필요 조건이 있는데 그것은 반드시 자신의 후손의 혼이어야 하는 것입니다.

자신의 후손의 '혼'임을 식별하는 기준은 자신의 '혼'을 대표하는 특정 음소의 파장의 수가 자신의 후손을 대표하는 특정 음소 파장의 수에 내포되어 있는 것인데 그 내포하는 방법은 앞에서 말한 유전의 법칙 방법들이 되겠습니다.

그러므로 생명체 개체가 자신의 후손을 늘리려고 노력하는 것은 개체 내부 유전자의 존속을 위해서가 아니라 개체 자신 영혼의 존속을 위한 것입니다.

5. 차원이란 무엇인가?

'삼체수이론'의 '삼체수게임'에서 그릇의 수는 입자가 존재하는 우주 공간의 차원을 의미합니다.

즉, n개의 그릇은 n차원 공간을 의미합니다.

앞에서는 그릇의 개수가 1개, 2개, 3개의 경우만 설명했습니다.

지금부터는 그 이상의 그릇 수에 대한 경우를 설명하겠습니다.

1 그릇이 4개일 때

4개 그릇을 사용하여 이기는 방법은 없습니다.

왜냐하면 3개 그릇에서 이기는 방법을 만들면 상대방이 나머지 그릇의 구슬 전부를 빼서 상대방이 이기기 때문입니다.

그리고 3개 그릇에서 지는 방법을 만들면 그때는 어느 쪽도 이기는 방법을 알 수 없는 혼돈의 상태가 되기 때문입니다.

2 그릇이 5개일 때

이때 이기는 방법은 그릇이 2개일 때 이기는 방법과 3개일 때 이기는 방법을 결합한 방법입니다.

3 그릇이 6개 이상일 때

그릇이 6개면 그릇 3개×2이고 7개면 그릇 3개×2+1, 8개면 그릇 3개×2+2 와 같습니다.

마찬가지로 그릇의 수가 3n, 3n+1, 3n+2면 그릇 3개, 그릇 4개, 그릇 5개와 같습니다.

이 설명과 같이 이길 수 있는 방법이 존재하는 그릇의 개수는 3n, 3n+2개일 때이며, 3n+1개일 때는 이기는 방법이 없습니다.

이기는 방법이 없다는 것은 입자가 존재할 수 없다는 것을 의미합니다.

그러므로 입자가 존재할 수 있는 차원은 3n, 3n+2차원이며, 3n+1차원에서는 입자가 존재할 수 없습니다.

6차원 이상의 새로운 종류의 차원은 없으며 3, 4, 5차원이 무한히 반복된다고 생각합니다.

그리고 3차원과 5차원 사이의 4차원은 입자가 존재할 수 있는 우리의 우주 공간 내에 포함되면서도 입자가 존재하지 않는 죽음의 차원입니다.

이것은 암흑에너지와 암흑물질이 위치하는 '허우주 공간'을 의미합니다.

이후 6차원부터는 3n, 3n+1, 3n+2차원이 무한 반복됩니다.

생명체에서,

3n의 상태는 육체적 생명의 상태를 의미하며,

3n+1의 상태는 죽음(무활동)의 상태를 의미하며,

3n+2의 상태는 영혼의 생명의 상태를 의미합니다.

그리고 이러한 상태는 우리의 지구를 중심으로 무한히 반복될 것입니다.

‖ 창세기와 차원

성경의 창세기 내용 중에 천지창조 부분은 '삼체수이론'의 차원 부분과 유사한 의미가 있습니다.

저는 절대자의 존재를 믿지만 특정 종교에 소속되어 있지 않으며 지지하는 종교도 없습니다. 그러므로 아래의 내용은 특정 종교를 전파하려는 의도가 전혀 없다는 점을 미리 말씀드립니다. 뉴턴도 성경을 깊이 연구하였으며, 자신의 이론에 성경적 의미를 결부시켰으며 이로 인해 학계의 많은 비판에 직면하였지만 소신을 굽히지 않았습니다.

제가 '대피라미드'에 대한 연구를 통해 알게 된 사실은 우리 인간보다 지적 능력이 월등한 존재가 분명히 있으며, 그는 우리 인간에게 전하고자 하는 메시지를 갖고 있으며, 그것을 문서(종교 경전)이든지 돌(피라미드)이든지 여러 가지 형태로 우리에게 전하고 있는데 우리 인간들은 그것의 진위와 진정한 의미를 식별할 능력이 부족하기 때문에 수많은 종교가 난립한다고 생각합니다.

그것의 진정한 의미는 어떤 특정 종교 지도자나 그 조직이 우리에게 가르쳐 주는 것이 아니라 우리 개인이 우리에게 주어진 이성의 능력을 사용하여 우리가 알게 된 자연의 법칙(만물의 법칙)에 근거하여 과학적 사고를 통해 우리에게 주어진 메시지의 진정한 의미를 알고 그것을 실천에 옮기는 것이 중요하다고 생각합니다. 즉, 절대자와 우리 인간 개인은 직접적으로 대면하는 것이며 그에 따른 책임도 우리 개인에게 있는 것이지 절대자와 우리 개인 사이에 어떤 다른 인간이나 조직도 개입할 여지가 없다는 것입니다.

이론의 6개 차원

첫째 날: 빛을 창조함 ── **1차원**(빛, 기체)

둘째 날: 공간 위의 물과 공간 아래의 물로 나눔 ── **2차원**(액체)

셋째 날: 땅이 드러나고 식물이 번성함 ── **3차원**(고체)

넷째 날: 하늘의 광명체를 통해 낮과 밤/계절과 년을 구분함 ── **4차원**(시공간 4차원)

다섯째 날: 물의 생물과 날짐승(땅에 번성하게 함)을 창조함 ── **5차원**(물=2차원, 땅=3차원)

여섯째 날: 육지 생물과 인간 창조함 ── **6차원**(이후 3n, 3n+1, 3n+2 차원의 반복)

육체는 3차원, 영혼은 2차원 물질에 해당합니다.

〈요약정리〉

① 생명체인 물질을 육체라고 하며 생명체인 비물질을 영혼이라고 합니다. 영은 광소의 기능을 갖고, 혼은 음소의 기능을 갖습니다.

② 광소는 공간을 자유롭게 전파(이동)할 수 있지만 음소는 매개물질이 있는 곳에서만 전파(이동)합니다. 영혼은 광소와 음소가 연결되어 활동하므로 영혼 역시 물질이 있는 공간 구역 내에서만 활동이 가능합니다. 그러므로 영혼은 육체가 죽어서 육체를 벗어난 후에도 지구의 대기권을 벗어날 수 없습니다.

③ 생명체는 '다른 생명체와는 분명히 구별되는 자신만의 고유한 역사를 계속하여 간직하고 있는 개체'라고 정의할 수 있습니다.

그래서 생명체는 자신의 역사 정보를 음소에 영원히 저장하려고 합니다. 즉, 역사가 있는 개체는 생존해 있는 것이며, 자신의 역사는 다른 어떤 개체와도 공유하지 않는 자신의 모든 것을 표현하고 대표하는 자신의 본질인 것이며 영원한 것입니다. 그러므로 생명체인 개체의 '영'은 역사를 만들어 나가고 그의 짝인 '혼'은 그 역사를 보존해 나감으로써 그 영혼은 영원히 존재할 수 있는 것입니다.

④ 지구의 생명체에게는 3n, 3n+1, 3n+2차원이 무한 반복됩니다.

3n의 상태는 육체적 생명의 상태를 의미하며,

3n+1의 상태는 죽음(무활동)의 상태를 의미하며,

3n+2의 상태는 영혼의 생명의 상태를 의미합니다.

이러한 상태는 우리의 지구를 중심으로 무한히 반복될 것입니다.

1. 암호화 정보통신

'삼체수이론'의 '삼체수게임'에서 이기는 방법인 3개의 수의 조합으로 구성
된 삼차원 공간 좌표점 P(x,y,z)는 우주에서 입자가 위치할 수 있는 좌표점입
니다. 입자는 이 외의 장소에는 위치할 수 없고 암흑에너지와 암흑물질만 이
외의 장소에 위치할 수 있습니다.

그래서 우주를 입자가 위치할 수 있는 '실우주 공간'과 입자가 위치할 수 없
는 '허우주 공간'으로 구분할 수 있다고 앞에서 설명해 드렸습니다.

우주 공간에서 입자가 연속적으로 움직이지 않고 불연속으로 움직이는 '양
자도약'의 이유는 바로, 이 때문입니다.

그런데 이 공간 좌표점 P(x,y,z)에는 또 다른 중요한 의미가 있습니다.

그것은 '실우주 공간'의 두 좌표점을 연결한 직선 사이에는 다른 어떤 좌표점
도 위치하지 않는다는 것입니다.

그것은 그 두 좌표점 사이의 직접적인 정보통신을 방해하는 어떠한 장애물
도 존재하지 않는다는 것을 의미합니다. 그러므로 입자와 반입자 사이의 거
리에 관계없이 입자의 정보가 즉각적으로 변환되지 않고 반입자에게로, 반

입자의 정보가 입자에게로 전달될 수 있습니다.

이러한 정보 전달의 속도는 빛보다 빠릅니다. 이것은 아인슈타인의 상대성 원리의 예외에 해당하는데 그 정보의 전달은 광음소1이 담당하기 때문이며 광음소1의 정보 전달은 시간을 초월하기 때문입니다.

광음소1은 빛과 시간이 존재하기 이전에 존재한 만물의 본질이기 때문에 우주의 모든 물체가 광음소1의 이러한 성질을 이용하여 정보 전달을 하기 때문에 우주의 모든 물리법칙이 성립하는 것입니다(앞의 통일장이론 설명을 참조하시기 바랍니다).

그리고 우리도 '실우주 공간'의 좌표점 P(x,y,z)를 구성하는 3개의 수 조합을 이용하여 우리의 정보통신에 활용할 수 있습니다.

앨런 튜링(Alan Turing)과 함께 최초로 컴퓨터를 개발한 폰 노이만(John Von Neumann)은 컴퓨터를 이용한 '순수난수(Pure Random Number)'를 개발하려고 시도하였으나 실패했습니다.

그 후에도 여러 사람들이 '순수난수' 개발에 도전하고 있지만 아직까지 성공하지 못하고 있으며 '유사난수(Pseudo Random Number)' 개발에 그치고 있습니다.

난수는 모든 학문 분야에서 활용되고 있지만 최근에는 정보통신에서 그 중요성이 커지고 있습니다.

아무리 우수한 컴퓨터를 사용한다고 해도 인간의 능력으로는 '순수난수'를 개발할 수 없습니다.

그러나 자연에는 이미 우주의 모든 물체가 '만물의 법칙'에서 활용하고 있는 '순수난수'가 있는데 이것이 바로 '실우주 공간'의 좌표점 P(x,y,z)를 구성하는 3개 수의 조합입니다.

저는 '삼체수이론'을 구축하면서 '순수난수'인 3개 수의 조합을 무한대로 확장시킬 수 있는 방법을 개발하였습니다.

그러한 '순수난수'를 이용하여 다음과 같이 정보통신에 활용하는 방법을 소개하겠습니다.

1) 'RSA 암호알고리즘'의 문제점을 완벽하게 해결하는 'UTN(Unhackable Three Number) 암호알고리즘'

(1) 대칭키와 비대칭키

정보의 암호화를 위해서 대칭키와 비대칭키를 사용하고 있습니다.

대칭키는 정보처리 속도는 빠르지만 보안 수준이 떨어지고 비대칭키는 그 반대입니다. 그래서 일반적으로 정보의 내용에 따라 적절히 그 두 가지 키를 혼합하여 사용하고 있습니다.

(2) RSA 암호알고리즘

전자 상거래와 같은 높은 수준의 보안을 필요로 하는 곳에서는 비대칭키를 사용하는데 그 중에서 가장 많이 사용되며 보안 수준이 탁월한 것은 RSA 암호알고리즘을 이용한 비대칭키 방식입니다.

이것은 소수를 활용한 암호알고리즘으로 보안 수준에 있어서는 다른 어떤 암호알고리즘보다 우수한 것으로 알려져 있습니다.

그러나 이것은 앞에서 언급한 것처럼 정보처리 속도가 느리다는 단점 외에도 최근에는 양자컴퓨터의 출현이 가까워짐에 따라 보안성에 대한 우려가 증가하고 있습니다. 그래서 업계에서는 그에 대한 대책을 세워두지 않으면 안 되는 상황에 직면해 있습니다.

(3) UTN(Unhackable Three Number) 암호알고리즘

UTN은 위 문제점들을 해결하기 위해 빅뱅 이후 우주의 생성 원리를 이용하여 개발한 정수들의 집합으로 정보의 암호화를 위해 소수의 단점을 보완할 수 있는 최적의 수입니다.

‖ 소수와 UTN의 비교

높은 보안 수준을 필요로 하는 정보의 암호화에 적합한 비대칭키 방식 알고리즘에서는 반드시 세 개의 정수가 필요한데 그 정수들은 또한 다음과 같은 조건을 충족해야 합니다.

- 그 세 개의 정수집합 중에서 두 개의 수를 사용하면 반드시 나머지 한 개의 수를 얻을 수 있어야 합니다.
- 세 개의 정수로 이루어진 정수집합은 무한대로 확장되어야 하며, 세 개의 정수는 모두 서로 달라야 하며, 어떤 집합 내에 있는 두 개의 수가 다른 집합 내에 있으면 안 됩니다.

RSA 암호알고리즘에서는 서로 다른 소수 두 개를 사용하여 상기 조건을 충족하는 세 개의 정수를 얻고 있습니다. 즉, $a*b=q$(a, b는 소수)에서 (a,b,q)의 정수조합은 위 조건을 충족합니다.

그런데 RSA 암호알고리즘에서는 상기 a, b, q 중에서 q는 반드시 공개키로 불특정 다수에게 공개하고 a, b 중의 한 개를 정보 송신자가 비밀키로 사용하는 방법으로 정보를 암호화 및 복호화합니다.

그러므로 외부에 공개된 숫자인 q가 소인수 분해되는 방법이 외부에 알려지는 순간에 a, b가 공개되어 버리는 상태가 되므로 송신자가 갖고 있는 비밀키의 비밀이 해제되어 버립니다. 그래서 q를 엄청난 크기의 숫자를 사용하여 소인수 분해를 어렵게 만듦으로써 그러한 위험을 회피하고 있습니다. 그러나 앞에서 언급한 바와 같이 컴퓨터 기술의 급속한 발달로 아무리 큰 소수를 써서 q를 생성시켜 사용한다고 하더라도 그것이 어렵지 않게 소인수 분해되어 버릴 수 있는 시대가 당초 예상보다 훨씬 빨리 도래하고 있어서 문제가 발생한 것입니다.

UTN은 소수가 갖고 있는 그러한 보안상의 문제를 해결할 수 있는 것 외에도 소수 사용의 또 다른 단점인 늦은 정보처리 속도(보안 수준을 높이기 위해 막대한 크기의 소수를 사용할 수밖에 없으므로) 문제도 해결할 수 있습니다.

그 이유는 UTN은 상기 두 조건을 모두 충족하는 것 이외에도 UTN 집합을 이루는 세 개의 정수는 모두 동등한 조건의 수이기 때문에 세 개의 정수 중에 어떤 수라도 비밀키로 사용할 수 있으며 공개키가 필요 없이 상대방에게 전달하기 위해 한 개의 수를 사용하며 나머지 한 개의 수를 암호화/복호화 키로 사용합니다.
그리고 소수를 사용하지 않기 때문에 소인수 분해에 의한 비밀 해제의 위험이 없으며 보안 수준을 높이기 위해 소수의 경우처럼 막대하게 큰 정수를 사용할 필요도 없기 때문에 정보처리 속도도 저하되지 않습니다(대칭키의 속도보다 느리지 않습니다).
그러므로 UTN은 정보의 암호화를 위한 최적의 수입니다.

2) 'RSA 알고리즘'과 'UTN 알고리즘'의 비교
(1) 동일점
- 3개의 숫자를 사용하며 그 중 2개의 숫자를 알면 나머지 1개의 숫자를 자동적으로 알 수 있습니다.
- 비대칭키를 사용함으로써 보안의 수준이 높습니다.

(2) 차이점
- 숫자의 성질

'RSA 알고리즘'에서 사용하는 3개의 숫자는 p×q=n(p, q는 소수)이므로 n은 p, q의 종속변수가 되어 3개의 숫자가 독립적 관계가 아닌 반면에, 'UTN 알고리즘'에서 사용하는 3개의 숫자(UTN)는 소수일 필요가 없으며 3개의 숫자 모두 서로 독립적 관계입니다.

• 공개키

'RSA 알고리즘'에서는 공개키가 필수적이지만 'UTN 알고리즘'에서는 공개키가 필요 없습니다.

(3) UTN 알고리즘'의 비교 우위

• 'RSA 알고리즘'의 약점인 인수 분해 위험이 없습니다.
• 'RSA 알고리즘'에서 필수적인 CA(Certificate Authority)의 존재가 불필요합니다.

'RSA 알고리즘'에서는 n을 공개키로 하여 반드시 공개해야 하므로 이것을 안전하게 관리해야 하는 제3의 CA 존재가 반드시 필요하며 이로 인한 사회적 비용과 안전상의 문제가 부가적으로 발생할 수밖에 없지만, 'UTN 알고리즘'에서는 3개의 숫자(UTN) 모두 독립적이므로 대중에게 공개하여야 하는 공개키가 필요 없으므로 이것을 관리할 제3의 기관이 필요하지 않습니다.

그 구체적 이유는 아래와 같습니다.

다자간의 정보 교환은 '정보중심점(Information Center, IC)'을 경유해서 모든 정보가 교환되도록 하는 것이 가장 효율적입니다.

다음에서 다자를 대표하는 A와 B 사이의 정보가 IC를 경유해서 안전하게 전달되는 과정을 설명하겠습니다.

'RSA 알고리즘'에서는 p×q=n이지만,

'UTN 알고리즘'에서는 3개의 숫자 모두 독립적이므로 (p,q,r)입니다.

A는 이 (p,q,r) 중에서 p를 비밀키로 하여 IC에게 보관을 시킵니다.

B 역시 (p',q',r') 중에서 p'를 비밀키로 하여 IC에게 보관을 시킵니다.

A가 B에게 메시지 M을 전달하기 위해서 M을 r(암호화키/복호화키)로 암호화하여 Mr을 IC에게 보내면서 q를 Mr에 첨부합니다. 이때 중간에서 염탐자 E가 가로챌 수 있는 정보는 q가 유일하며 Mr은 해독불능입니다. 그러므로 Mr은 안전합니다.

IC는 A가 보낸 Mr+q를 보고 A가 IC에게 이미 보관시켜 두었던 p를 사용하여 r을 알아내고 이것을 써서 Mr을 M으로 환원(복호화)시킵니다(이때, 자동적으로 M은 A가 보냈다는 것이 인증 및 부인방지가 되므로 별도의 인증 절차가 필요 없이 전자 서명의 기능까지 겸하게 됩니다).

그 후에, IC는 B에게 M을 r'로 암호화한 Mr'를 보내면서 q'를 Mr'에 첨부합니다. 이때 중간에서 염탐자 E가 가로챌 수 있는 정보는 q'가 유일하며, Mr'는 해독불능입니다. 그러므로 Mr'는 안전합니다.

B는 IC가 보낸 Mr'+q'를 보고 자신의 비밀키인 p'를 사용하여 r'를 알아내고 이것을 써서 Mr'를 M으로 환원(복호화)시킵니다.

이 예에서 A-IC-B 사이의 정보교환이 E(염탐자)가 q(또는 q')를 염탐하였다고 가정하여도 M은 안전하게 A로부터 B에게로 전달됨을 알 수 있습니다.

- 'RSA 알고리즘'에서 사용하는 공개키 n은 CA가 정한 일정 기간(통상적으로 1년 이상) 동안은 불변이므로 그 동안에 n이 인수 분해되면 보안이 붕괴됩니다.

그러나 'UTN 알고리즘'에서는 q를 언제든지 변경시켜서 새로운 r을 생성시킬 수 있으므로 모든 정보 M마다 새로운 q를 사용하므로 염탐자 E가 무작위의 방법을 시도하여 복호화를 할 수 있는 시간적 여유가 극히 짧을 수밖에 없고 'RSA 알고리즘'에서와 같이 극한의 큰 숫자(2^{1000}이상의 소수)를 사용할 필요가 없으므로 정보전달 시간이 크게 단축됩니다.

- CA와 같은 제3자가 필요 없이 IC 역할을 사업자 자신이 할 수 있으므로 위험 경로가 줄어들며, 책임 소재가 분명하고 위험이 없으므로 암호화/복호화 경로상에서 발생한 모든 책임은 사업자가 부담한다고 선언할 수 있습니다. 그러므로 신규 고객의 창출 효과도 유발할 수 있습니다.

3) 양자난수(Quantum Random Number)와 UTN의 비교

컴퓨터가 생성한 일반적인 난수는 순수성(Purity)이 낮기 때문에 그 순수성을 높이기 위해 '양자난수 생성기'(Quantum Random Number Generator)를 사용하여 '양자난수'를 생성하여 사용합니다.

현재 양자난수를 생성하는 대표적인 방법으로는

- 편광의 성질을 이용한 방법과
- 방사성 동위원소를 이용한 방법이 있습니다.

UTN은 우주의 발생 시점인 빅뱅 시점의 우주 생성 원리에 따른 우주의 공간 좌표를 구성하는 3개의 숫자이며 이것은 우주의 URL에 해당합니다.

그리고 빅뱅의 시작점 좌표(0,0,0)에서 직선 연결을 하면 우주의 모든 UTN 좌표점(x,y,z)은 동일 직선상에 빅뱅점(0,0,0)과 자신의 UTN 좌표점(x,y,z) 외에 다른 어떠한 UTN 좌표점(x',y',z')이 존재하지 않습니다.

이와 같은 UTN 좌표점(x,y,z)의 특수성을 이용하면 '순수난수'(Pure Random Number)를 생성할 수 있습니다.

그리고 UTN 좌표점(x,y,z)은 우주의 URL에 해당하고, 자신과 빅뱅점(0,0,0) 사이에 다른 어떠한 UTN 좌표점(x',y',z')의 개입이 없기 때문에 암호화 통신에 최적화된 수의 조합입니다.

4) 현재 암호화 알고리즘의 문제점과 UTN 알고리즘의 강점

현재의 암호화 알고리즘에 비하여, UTN 알고리즘은,

- 비대칭키를 사용하면서 RSA 알고리즘의 경우와는 달리 인수분해 당할 위험도 없이, 높은 보안성을 유지하며
- UTN 좌표점(x,y,z)의 특수성을 이용한 '순수난수(Pure Random Number)'를 생성하여 사용하기에 막대하게 큰 수를 사용할 필요가 없으므로 높은 정보전달 속도를 동시에 확보할 수 있습니다.
- 가장 이상적인 정보 보안 방법은 Guest의 비밀키가 수시로 변경되는데도 IC(Information Center)에서 Guest의 비밀키를 Guest로부터 전달받지 않고도 항상 알 수 있는 것입니다(이것을 학술 용어로 'Zero Knowledge'라고 하는데, 정보보안 관련 학계에서 아직 구현하지 못하고 있습니다). UTN은 '순수난수'이므로 이것을 구현할 수 있습니다.

즉, UTN 알고리즘은 정보의 보안성과 전달 속도의 문제를 동시에 해결하는 세계에서 유일한 암호화알고리즘입니다.

2. 바이러스와 백신

오늘날의 해커들은 고도한 수법의 바이러스를 양산하여 상대방의 비밀 정보를 훔치거나 상대방에게 피해를 입히는 방법으로 경제적 이익을 도모하며 백신은 그러한 바이러스들의 특징을 파악하여 백신으로 바이러스 피해를 방지하려고 합니다.

그러나 그 둘의 관계는 창과 방패처럼 끝없는 개발의 과정과 그에 따른 개발 비용의 지불만 계속될 뿐입니다.

심지어는 백신이나 O/S등의 소프트웨어를 새 버전으로 지속적으로 판매하기 위하여 고의로 바이러스를 개발하여 퍼뜨리는 경우도 비일비재합니다.

그러므로 백신으로는 결코 바이러스를 근절하지 못하며 궁극적으로 이 방법은 백신이나 관련 소프트웨어 개발 회사의 이익만 증가시켜 주는 결과를

초래하게 될 것입니다.

그러므로 이 경우에도 UTN 방법만이 유일한 해결책이 됩니다.

그 이유는 백신과는 달리 UTN의 방법은,

바이러스가 원하는 최종 목적물 앞에서 바이러스를 기다리고 있다가

그에게 UTN 방법의 암구호(군대에서 피아를 식별하기 위해 사용하는 암구호를 말합니다)
를 호령한 후에 UTN 방법의 답변을 얻지 못하면 그 바이러스를 포획하는
것입니다.

이러한 방법을 'End Point Detection'이라고 합니다. UTN은 '순수난수'를
사용하기 때문에 이 방법이 가능합니다.

이렇게 하면 해커가 어떤 바이러스를 사용하여 우리 측의 비밀번호를 탈취
하였다고 하더라도 그가 원하는 최종 목적물에 도달하기 전에 반드시 그 정
체를 밝혀 포획할 수 있습니다.

그 구체적인 방법은 앞에서 설명해 드린 암호화 기법과 대동소이합니다(현재
모 그룹 소속사 정보통신 보안 부서와 협상 진행 중이며, 이러한 방법에 관심이 있으신 정보통신 보안
관련 업무를 담당하시는 분은 언제라도 연락을 주시면 적절한 조건에 따라 협력해 드리겠습니다).

3. 생명체의 정보통신

생명체도 UTN의 방법을 사용하여 정보통신을 합니다.

예를 들어 설명해 보겠습니다.

<u>1</u> 유전자 복제 직전에 스핀 부호 확인을 통해 그 유전자가 부모로부터 전달
되는 과정의 오류 여부를 검색합니다(제2편 2. 수의 성질을 참조하시기 바랍니다).

<u>2</u> 우리 몸의 면역 세포의 가장 큰 기능은 피아의 식별 기능입니다.

먼저 피아가 식별되어야 침입자를 처리할 수 있다는 것은 당연합니다. 증
명하기는 어렵지만 피아의 식별에 '자연이 갖고 있는 난수'를 사용할 것이

217

라고 추론합니다.

'자연이 갖고 있는 난수'가 바로 'UTN Table'입니다. Table이라고 한 이유는 난수의 크기가 2^n으로 증가하는 무한개의 '난수 Table'이 있기 때문입니다.

우리 몸은 면역 세포가 처리해야 할 침입자의 중요도에 따라서 적절한 크기의 '난수 Table'과 난수를 선택하여 사용함으로써 피아의 식별에 사용합니다('난수 Table'의 크기가 클수록 더 많은 에너지를 소모하기 때문입니다).

즉, 우리 몸의 모든 세포는 그 중요도에 따라 서로 상이한 난수를 가지고 있으며 이 난수를 사용하여 외부의 침입자를 식별하는 것입니다.

3 우리 몸 중에서 가장 큰 '난수 Table'을 사용하는 곳은 세포 내 세포핵 안에 있는 DNA일 것입니다. 그곳에서 우리 몸에 있는 모든 세포의 복제에 사용되는 난수를 사용하기 때문입니다.

DNA 바이러스가 세포핵을 침입하는 이유는 그 난수를 탈취하기 위해서라고 추론합니다.

백혈구의 수명은 1~3일입니다.

그러므로 DNA에 사용되는 난수는 유효 기간이 3일 이내일 것으로 추론합니다. 그래서 DNA 바이러스는 3일 이내에 다시 세포핵을 침입하여 그 난수를 탈취하지 못하면 백혈구에게 포획될 것입니다.

4 저는 생명체가 UTN의 '난수 Table'을 사용하여 정보통신을 하는지에 관하여는 아직 잘 모릅니다. 그리고 그것을 증명하는 것은 물리법칙을 증명하는 것에 비하면 대단히 어려운 일입니다.

그렇지만 위와 같이 합리적 추론은 할 수 있습니다.

만약에 위와 같은 저의 추론이 옳다면 지금 대부분의 의학계가 연구하고 있는 백신이 아닌 새롭고 부작용이 없는 바이러스 치료법이 개발될 수도 있을 것입니다.

백신은 후천성 면역 기능을 강화시켜 주는 치료법이며 부작용이 있는 방법인 데 반하여 UTN 방법은 우리 몸이 선천적으로 가지고 있는 기능 중의 일부를 활용하는 방법으로 부작용이 없습니다.

4. 생명체 바이러스와 백신

코로나 바이러스가 전 세계에 창궐하고 있는 오늘날, 전 세계 의학계는 백신 개발에 사력을 다하고 있습니다.

그러나 앞에서 언급한 컴퓨터 바이러스와 마찬가지로,

생명체 바이러스도 변종이 계속해서 수없이 출현할 것이므로 백신의 방법으로는 그 모든 변종 바이러스를 퇴치할 수 없다는 것은 자명한 일입니다.

그러나 백신 개발 업계의 입장에서 보면 이것보다 더 좋은 사업 환경이 없을 것입니다.

그래서 여러 가지 국제 정치, 경제적 문제와 결부되어 백신은 머지않아 전 세계적으로 자의적 또는 강제적으로 주입될 것입니다.

바이러스는 우주적 생명체, 비생명체 시스템의 일부입니다.

그렇기 때문에 바이러스가 아무리 창궐해도 자연은 그것을 자체적으로 처리할 시스템이 갖춰져 있습니다. 그것이 '만물의 법칙'인 것입니다.

그러나 그 바이러스가 자연에 의해 만들어진 것이 아니고 인위적 조작에 의해 만들어진 것이라면 그 결과는 달라집니다.

그것은 자연의 법칙(만물의 법칙)을 거슬러 행한 것이기 때문에 반드시 자연의 법칙의 반격을 받게 될 것입니다.

그것이 어떠한 형태로 우리에게 닥칠 것인지는 아직 잘 모르겠습니다.

그러나 그것은 인류사에 없었던 일인 것은 분명합니다.

그러므로 우리는 앞으로 인류에게 닥칠 전대미문의 대변혁과 재앙에 각자 대비해야 할 것입니다.

그러나 어떠한 시련과 고통이 오더라도 희망을 버리지 말아야 할 분명하고도 충분한 이유가 우리에게는 있습니다.

우리 인간은 생명체의 기원에서 시작하여 진화 과정의 최고 단계에 와 있는 유일한 생명체입니다.

이미 말씀을 드린 것처럼 진화의 초기 단계 수준의 생명체는 음소 기능이 광소 기능에 비하여 훨씬 강하였습니다. 그래서 그것들의 '영'은 지구 중력의 영향을 더욱 강하게 받아서 사망한 즉시 새로이 탄생한 후손의 영혼으로 진입하여(환생) 자신의 후손을 급격히 불려 나갈 수는 있었지만 그들의 영혼은 지구 가까운 대기권에 머물 수밖에 없었습니다. 그러나 진화가 진행되면서 점점 광소의 힘이 강력하게 되어 최고 수준의 고등생명체인 인간은 중력의 영향을 가장 덜 받는 상태가 되었습니다.

그래서 머지않은 장래(제3편 5. 차원이란 무엇인가? 에서 언급한 $3n+2$차원의 때)에 우리에게는 선택의 순간이 올 것으로 추론됩니다.

그때는 지금처럼 우리의 광소와 음소가 혼합되어 있는 것이 아니라 분리되어 우리에게 선택의 기회가 주어질 것입니다.

광소의 기능을 선택한 사람은 빛과 같이 자유로운 상태가 되어 지구 중력의 영향권을 벗어나서 우주 전역을 자유롭게 다니면서 자신의 '영'을 영원히 보존할 것입니다.

음소의 기능을 선택한 사람은 아마도 $3n+3$차원의 지구 상태로 넘어 가서 최초의 인간 아담에게 주어진 기회가 다시 주어질 것이며 인류의 과정이 다시 반복될 것입니다.

여기에는 종교에서 말하는 선악의 문제가 아니라 선택의 문제가 관련되어 있는 것이라고 추론합니다.

어느 쪽의 선택이든지 의미가 있으며 인간 개체의 영혼은 영원히 존속될 것이며 그것이 바로 절대자가 의도하는 것이라고 생각합니다.

왜냐하면 모든 개체 속에는 '광음소1'이 내재하고 있으며 그 '광음소1'의 본질은 태초 빅뱅 이전의 '광음소1'이기 때문입니다.

〈요약정리〉

① 자연은 '순수난수'를 갖고 있으며 모든 생명체는 그 '순수난수'를 사용하여 정보를 교환(음소 기능)하고 자기 복제(광소 기능)함으로써 생명을 유지합니다.

② 자연이 갖고 있는 '순수난수 Table'을 활용한 'UTN 알고리즘'은 정보의 보안성과 전달 속도의 문제를 동시에 해결하는 세계에서 유일한 암호화알고리즘이며 동시에 최고의 바이러스 퇴치 솔루션입니다.

③ 오늘날의 해커들은 고도한 수법의 바이러스를 양산하여 상대방의 비밀 정보를 훔치거나 상대방에게 피해를 입히는 방법으로 경제적 이익을 도모하며 백신은 그러한 바이러스들의 특징을 파악하여 백신으로 바이러스 피해를 방지하려고 합니다. 그러나 그 둘의 관계는 창과 방패처럼 끝없는 개발의 과정과 그에 따른 개발 비용의 지불만 계속될 뿐입니다. 그러므로 백신으로는 결코 바이러스를 근절하지 못하며 궁극적으로 이 방법은 백신이나 관련 소프트웨어 개발 회사의 이익만 증가시켜 주는 결과를 초래하게 될 것입니다.

④ 인체에 침입한 바이러스도 마찬가지로 계속적인 변이를 일으키기 때문에 백신의 방법으로는 결코 바이러스를 완전히 퇴치할 수 없으며 백신 개발 회사들의 이익에만 기여하게 될 것입니다.

생명체도 내부의 정보통신을 위해 자연의 '순수난수'인 'UTN Table'을 사용할 것이라는 저의 추론이 맞다면 인체에 침입한 바이러스를 부작용 없이 치료하는 방법이 개발될 수 있을 것이라고 생각합니다.

오래전부터 과학계와 종교계 사이에 진화론이 옳고 그른지에 관한 논쟁이 지금까지 이어져 오고 있습니다.

창조론을 주장하는 측에서 진화론을 주장하는 측을 공격하는 주요 논리 가운데 하나는, 종과 종 사이에 중간 단계의 생명체가 없다는 것입니다. 그러나 우주에 존재하는 입자(양자)의 근본적인 특질은 입자가 연속적으로 움직이는 것이 아니라 불연속적(양자 도약)으로 움직인다는 것입니다.

그러므로 중간 단계가 없는 것은 자연의 법칙(만물의 법칙)에 위배되는 것이 아니므로 진화를 부정하는 증거가 될 수 없습니다.

그러므로 창조론을 주장하시는 분들께 말씀드리겠습니다.

여러분들이 믿고 계시는 창조주께서는 만물을 창조하시면서 진화의 법칙을 사용하셨을 것입니다.

그리고 진화론을 주장하시는 분들께 말씀드리겠습니다.

우주의 모든 생명체는 진화의 법칙을 따르고 있는 것으로 보입니다.

그리고 그 진화의 법칙은 자연의 법칙(만물의 법칙)을 따르고 자연의 법칙은 '수의 법칙'을 따르고 있는 것으로 보입니다.

그런데 그 수는 무엇으로부터 진화하였을까요?

오래전부터 기독교에서는 삼위일체가 옳고 그른지에 관한 논쟁이 지금까지 이어져 오고 있습니다.

그에 관한 결론을 지금 말씀드리고자 하는 것이 아니라, 독자 여러분들께서 스스로 판단하실 수 있는 자료를 제공해 드리고자 합니다.

이미 이 책의 앞부분에서 말씀드렸듯이,

빅뱅 이전 태초의 '광음소1'이 시계 방향으로 회전하면 광소2+가 되고,

반시계 방향으로 회전하면 광소2-가 되고,

직선 방향으로 왕복 운동을 하면 음소2가 되어서 각각 다른 성질을 나타냈으며 그것들의 조합으로 우주의 모든 생명체와 비생명체가 출현하게 되었습니다.

그러므로 위 3개의 우주 최초 입자의 성질은 서로 다르지만 그 본질은 태초의 '광음소1'인 것입니다.

그래서 3개 입자의 본질에 중점을 두느냐, 드러난 성질에 중점을 두느냐에 따라 다른 결론을 내릴 수 있을 것입니다.

제가 두 가지 예를 들어 현재 대립하는 대표적인 두 개의 사상을 말씀드리는 이유는 그러한 종류의 사상들은 인간들이 결론을 낼 수 있는 범주를 벗어난 것이기 때문입니다. 그러한 종류의 사상들에 관한 이론을 저는 '공론(Empty Theory)'이라고 부르겠습니다. 아무런 토론의 실익이 없는 이론이기 때문입니다. 그런데도 너무나 많은 사람이 그러한 '공론'에 매달려 그것으로 생계를 유지하기도 하고, 허송세월하기도 하는 것을 우리는 자주 목격합니다.

그것으로 생계를 유지하는 사람의 입장에서는 '공론'을 끝없이 이어 나가는 것이 필요하겠지만, 사물의 이치를 탐구하고자 하는 사람의 경우는 그것이 '공론'이라는 것을 확인한 순간부터는 더 이상 그 토론을 계속하는 것은 시간 낭비일 뿐입니다.

양자물리학은 "한 개의 입자가 동시에 두 개의 구멍을 통과한다."라는 것은 분명한 진리(Truth)이지만, 그 이유는 "우리는 알 수 없고 오직, 신(God)만이 안다."라고 주장합니다. 이러한 주장은 할 수 있습니다. 그러나 이 주장은 학생들을 가르치는 상아탑에서 할 것이 아니라 교회에서 해야 합니다.

그것은 과학의 영역을 신의 영역으로 가져가는 행위이기 때문입니다.

그 이후부터는 토론의 장이 아니라 '공론'의 장이 형성되기 때문입니다.

양자물리학은 너무나 오랫동안(100년 이상), 이러한 '공론의 장'을 조장하고 유지해 왔습니다. 이러한 '공론의 장'에서 가장 이익을 보는 사람들은 다름이 아니라 그 '공론의 장'을 주도적으로 마련한 양자물리학계에 있는 '과학자'라는 분들입니다.

어차피 이해할 수 없는 이론인데 무슨 논리가 필요하며 증명이 필요하겠습니까? 실험의 결과 수치만 적당히 맞추면, 무슨 논리든지 가져다 붙이기만 하면 이론이 되므로 이것보다 그들에게 더 좋은 환경이 어디 있겠습니까?

그래서 양자물리학은 세계적인 환영을 받고 물리학뿐만 아니라 모든 학문의 영역에서 전 세계를 지배하는 학문이 된 것입니다. 심지어 최근에 철학 교수가 양자물리학 교수와 함께 TV에 출현하여 양자이론을 자신의 철학이론에 접목하여 자랑스럽게 강의하는 것을 본 적이 있습니다.

누구든지 다른 학문 분야의 이론을 자기 학문 분야에 적용하여 발전시키는 것은 훌륭한 일입니다. 그러나 자기가 인용하려고 하는 학문 분야의 전문가도 이해하지 못한다고 실토하는 부분을 자기가 이해한 것처럼 해서 자기 분야에 적용하는 것은 학자답지 못한 행위입니다.

그런데 양자물리학의 이론에 관하여는, 그것의 세계적인 영향력 때문인지는 몰라도 이러한 일들이 너무나 빈번하게 일어나고 있는 것입니다.

모든 학문 분야에서 양자이론을 인용하는 것이 자신의 주장하는 이론의 권위를 올려주는 것으로 인식되고 있는 것입니다.

그래서 아무도 이해하지 못하는 이론을 모두가 이해하는 이론인 것으로 서로가 암묵적으로 합의하고 거리낌 없이 인용하고 있는 것입니다.

이것은 모두가 벌거벗고 있음을 서로 알지만, 벌거벗고 있다는 사실을 말하기를 주저하는 것과 같습니다.

심지어는 유튜브에서도 양자이론에 대한 찬양 일색이며 양자이론이 너무도 쉬운 이론이라고 선전하는 것들뿐이지 양자이론에 대한 비판을 하는 유튜브를 본 적이 없을 정도입니다.

이처럼 양자물리학은 그 영향력이 이미 우리 생활의 영역 안으로 진입하여 우리의 일상적 사상에도 영향을 미칠 정도가 되었습니다.

좋은 의미에서 좋은 영향력을 행사하는 것은 얼마든지 장려할 일이지만, 양자이론은 그렇지 못함을 제가 여러 군데에서 확인하였으므로 이 책을 통해 강력하게 양자이론의 허구를 비판하는 것입니다.

무엇보다도 양자이론은 사물의 이치를 판단하기를 중단하고 모든 것을 모호하고 불확실한 상태로 인식한다는 문제가 있습니다.

그것은 아마도 그들이 스승이라고 받드는 하이젠베르크의 '불확실성 이론'

을 신봉하기 때문일 것입니다. 저는 앞에서 그 이론의 오류를 증명하여 밝혔으며 아인슈타인도 사망할 때까지 그 이론을 받아들이지 않았습니다.

양자이론의 이러한 불확실성의 이론은 이미 사회 전반의 사상 밑바탕에 스며들어 있습니다. 적극적으로 진실을 증명하여 밝히고자 하는 사람은 경멸을 받고, 그러한 사람의 약점을 들추어내는 사람은 쉽게 승리자가 되어 그 과실을 쟁취하는 세상이 된 것입니다(벨이 아인슈타인에게 그렇게 하였습니다). 모든 것이 불확실한데, 어떻게 진실이 확실하냐고 몰아붙이는 사람이 승리하는 세상이 된 것입니다.

긍정적인 사고보다는 부정적인 사고가, 상대방을 배려하고 용서하는 사고보다는 시기하고 헐뜯는 사고가 팽배하게 되었습니다. 이 모든 것의 이면에는 양자이론이 '공론의 장'으로 깔아 놓은 '불확실성의 장'이 자리하고 있습니다.

빛이 없는 곳에서는 어둠이, 진실이 없는 곳에서는 거짓이 항상 왕 노릇을 합니다. 이 '불확실성의 장'이야말로 어둠과 거짓이 왕 노릇을 하기 딱 좋은 놀이터인 것입니다.

물론 양자물리학자들이 이러한 일들이 발생하리라는 것을 예측하고 그렇게 한 것은 아니며, 양자물리학자 개개인에게는 아무런 책임이 없다고 말할 수도 있을 것입니다.

그러나 역사는 과학자들의 업적으로 인류에게 일어난 일들에 관하여 좋은 쪽이든 나쁜 쪽이든 평가하게 마련이며 이때 과학자의 의도나 개인적 사항을 고려해서 그 결과에 대한 평가가 바뀌지는 않을 것입니다.

저는 지금 양자물리학자들에게 책임을 추궁하는 것이 아니며, 그들 개개인의 선량함을 의심하는 것이 아닙니다.

제가 이 책을 통하여 말씀드리고자 하는 대상은 그들이 아니고 일반 대중입니다. 그러므로 그들을 비판하고 책임을 추궁할 이유가 없습니다.

단지 제가 바라는 것은 일반 대중이 그들이 깔아 놓은 '불확실성의 장'에서 그들과 함께 어울려 즐기면서, 진실을 불확실하게 하는 일에 일조하는 것이 아니라 '확실한 진실 추구의 장'에서 과학적 사고를 통하여 진실과 정의를 추구하기를 기대하는 것입니다.

이제 화제를 '생명의 장'으로 옮겨 보겠습니다.

이 책을 쓰기 시작할 때만 해도 물리학 관련 부분만 이 책에서 다루고, 생명에 관한 부분은 다음 책에서 다뤄 보려고 했습니다.

그러나 그렇게 하면 이 책의 끝부분이 비관적 현실을 지적하는 내용으로 종결되는 것 같아서 생각을 바꾸고, 어떠한 역경에도 불구하고 우리 인류에게는 희망찬 미래가 기다리고 있다는 점을 말씀드리기 위해 '생명이란 무엇인가?'를 추가하기로 했습니다.

그래서 이 책의 제목도 원래는 「과학이란 무엇인가?」였는데, 좀 무거운 느낌이 들기는 하지만 「만물의 법칙」으로 바꿨으므로 독자 여러분의 양해를 구합니다.

예전에 제가 「나는 누구인가?」라는 글을 쓴 적이 있습니다.

그때 저는 '나'의 개념을 '독립적으로 의사 결정을 하는 주체이며, 영혼과 육체의 결합체'라고 정의하였습니다.

그런데 여기에서 '영혼'의 개념을 설명하기가 어려웠습니다.

영혼은 현재 대부분의 관련 분야 학계에서 관념적인 대상물로 인식하여 접근하고 있듯이 그 당시 저의 생각도 마찬가지였기 때문입니다.

그래서 더 이상 깊이 있는 탐구를 하지 못했습니다.

그래서인지는 몰라도 그 후로는 물리적 법칙에 의한 '사물의 이치' 탐구에 전념하기 시작했습니다. 그러다가 오래전부터 관심을 두고 있던 '수의 성질'에 관한 연구에 몰두하면서 '삼체수이론'을 완성하게 되었습니다.

그 과정에서 양자물리학이 기초부터 문제가 많은 이론이라는 것을 알게 되었으며, 양자이론의 오류로 인해 다른 학문 분야와 일반 사회의 사상적 조류도 그릇된 방향으로 가고 있다는 사실을 발견하게 되었습니다.

즉, 양자물리학은 과학의 영역에서 다루어야 할 대상물을 '불확실성의 원리'를 통하여 관념의 영역으로 가져감으로써, 과학적 검증 [아인슈타인이 주장한 '숨은 변수(Hidden Variables)'를 찾는 노력] 을 회피하고 있는 것이며 이러한 사고방식이 사회 전반에 악영향을 주고 있는 것입니다.

그러나 그 와중에 저에게 희망을 던져 준 사실은,

우주의 기본 5요소 내부에 생명의 씨앗이 있다는 것을 알게 된 것입니다.

즉, 생명은 무생명에서 우연히 진화한 것이 아니라 우주를 이루는 기본 요소들의 본질에 이미 내재되어 있으므로 필연적으로 출현하게 되어 있었다는

○ ○ ○

사실입니다. 우연과 필연 사이에는 엄청난 간극이 있습니다.

생명이 필연이라는 것은 생명이 영원성을 본질로 한다는 것입니다. 이어서 생명의 본질인 영혼의 개념이 바로 도출되고 이것 또한 우주의 물리적 기본 요소로 설명하고 증명할 수 있게 되었습니다.

생명이 광소 기능과 음소 기능이 더해진 혼합 작용의 산물이라는 사실은 바로 '영'과 '혼'의 상호 협력이라는 개념으로 연결될 수 있었으며,

"'영'은 삶의 길을 개척하고 '혼'은 걸어온 길의 자취를 역사로 기록하여 영구히 보존한다."라는 제가 보기에도 멋진 문장을 완성할 수 있었습니다.

모든 생명체는 고유의 역사를 가지고 있으며 그것을 영구히 보존하기 위해 노력합니다.

그 육체가 사망하더라도 자신의 역사가 보존되어 있는 한 그 생명체는 영혼과 함께 살아 있는 것이기 때문입니다.

그렇기 때문에 어떤 학자가 주장하는 것처럼 생명체의 주인은 유전자가 아니라 생명체 개체 자신인 것입니다.

그래서 저는 예전에 쓴 「나는 누구인가?」에서 완결하지 못했던 '나'의 개념을 "독립적으로 의사 결정을 하는 주체이며, 삶의 길을 개척하는 '영'과 걸어 온 길의 자취를 역사로 기록하여 영구히 보존하는 '혼'의 협력체이다."라고 정의를 내릴 수 있게 되었습니다.

미천한 저의 글을 여기까지 읽어 주신 독자 여러분께 진심으로 감사드립니다.

만물의 법칙

1판 1쇄 발행 2021년 8월 31일

저 자 김호영
교 정 주현강
편 집 문서아

펴낸곳 하움출판사
펴낸이 문현광

주소 전라북도 군산시 수송로 315 하움출판사
이메일 haum1000@naver.com   홈페이지 haum.kr

ISBN 979-11-6440-823-8

좋은 책을 만들겠습니다.
하움출판사는 독자 여러분의 의견에 항상 귀 기울이고 있습니다.